CAD/CAM 工程范例系列教材
职业技能培训用书

UG NX12.0 基础教程与案例精解

钟平福　编著

机械工业出版社

本书介绍了 NX12.0 中文版软件的应用知识和相关使用技巧,并着重介绍了 NX12.0 的 CAD 功能,包括基础知识、曲线草图基础与案例剖析、建模基础与案例剖析、建模综合案例剖析、装配建模与案例剖析和工程制图与案例剖析 6 部分内容。

为了方便读者更好地掌握软件操作,本书配有案例操作演示动画,同时配有语音讲解。选择本书作为教材的读者可登录 www.cmpedu.com 网站,注册后免费下载。

本书内容翔实、通俗易懂、条理清晰、实践性强,可作为高职、中职学校或技工、技师院校和培训机构的教材,也可作为从事产品设计等技术人员的参考书,或自学教材。

图书在版编目(CIP)数据

UG NX12.0 基础教程与案例精解/钟平福编著. —北京:机械工业出版社,2021.2(2023.8 重印)

CAD/CAM 工程范例系列教材 职业技能培训用书

ISBN 978-7-111-67365-1

Ⅰ.①U… Ⅱ.①钟… Ⅲ.①计算机辅助设计-应用软件-技术培训-教材 Ⅳ.①TP391.72

中国版本图书馆 CIP 数据核字(2021)第 017685 号

机械工业出版社(北京市百万庄大街 22 号 邮政编码 100037)
策划编辑:汪光灿 责任编辑:汪光灿 王 良
责任校对:樊钟英 封面设计:陈 沛
责任印制:李 昂
河北鹏盛贤印刷有限公司印刷
2023 年 8 月第 1 版第 4 次印刷
184mm×260mm·12.75 印张·310 千字
标准书号:ISBN 978-7-111-67365-1
定价:38.00 元

前　言

本书以 NX12.0 为蓝本，详细介绍了 NX12.0 的实体建模、曲面建模、装配建模及工程制图功能。全书分为 6 章。第 1 章为 NX 基础知识，主要介绍 NX 软件特点、基础知识、软件界面简介等；第 2 章为曲线草图基础与案例剖析，本章配合大量的实例，详细介绍了曲线、草图的操作与应用技巧；第 3 章为建模基础与案例剖析，主要针对常用的建模命令进行详细的案例讲解，以便读者更快地掌握建模命令；第 4 章为建模综合案例剖析，主要是为了使读者能学以致用；第 5 章介绍了装配建模与案例剖析，重点讲解了两种装配设计方法的创建；第 6 章为工程制图与案例剖析，通过案例的讲解，使读者能快速掌握工程制图的操作和应用。

本书以《UG NX8.5 基础教程与案例精解》为基础，进行了软件版本的升级，书中除了沿用旧版的排版风格和写作风格外，也对书中的一些基本操作命令和相关案例做了相应调整，增删了一些内容。在第 2 章、第 4 章中，除了对作图步骤的操作做了详细讲解，还在作图前附上了完整、详细的图样，方便读者进行图样识读，增加感性认识。同时，在这两章的后面附加了相应的拓展练习题，以便达到一书在手、练习无忧的效果。

在第 4 章中，将二维 CAD 图档引入书中，全面介绍了如何进行不同软件之间的图档转换，如何在 NX12.0 版本中进行三维实体重建，方便读者拓宽建模思路和方法。

本书特色

- 内容新颖

本书采用较新版本的 NX12.0 作为教学软件，分别介绍了软件的 CAD 模块功能，并配合典型案例巩固学习的效果。

- 适用性强

本书突出技能培养的特点，内容完全结合现代化设计和企业要求，并力求做到文字精简，语言通俗易懂，全书内容翔实、图文并茂，讲解思路清晰。

- 案例实用

本书的实例均为生产一线的常用案例，完全从实际出发。每个实例都讲解了一个或数个技术要点，可帮助读者快速掌握操作技巧。

- 素材充实

本书相关章节中设计了大量的拓展案例，方便读者巩固技能实操和软件应用技巧。

配套资源使用说明

为了方便读者的学习和对知识的巩固，本书将相关案例的操作方法录制成 AVI 演示动画，同时配上语音讲解，希望读者能够认真学习操作方法，以便起到举一反三的学习效果。

在本书编写过程中，得到了深圳鹏城技师学院领导的大力支持和帮助，在此表示衷心的感谢。

由于作者理论与实践经验有限，书中难免有错误和欠妥之处，恳请广大专家、读者批评指正。

钟平福

目　　录

第1章　NX 基础知识

本章主要知识点：

- NX 产品特点
- NX 基础知识

Siemens NX 是 Siemens PLM Software 公司（前身为 Unigraphics NX）出品的一个产品工程解决方案，它为用户的产品设计及加工过程提供了数字化造型和验证手段。Siemens NX 针对用户的虚拟产品设计和工艺设计的需求，提供了经过实践验证的解决方案。

1.1　NX 产品特点

NX 所采用的是基于过程的设计向导、嵌入知识的模型、自由选择的造型方法、开放的体系结构以及协作式的工程工具，这些都只是 NX 帮助用户提升产品质量、提高生产力和创新能力所采用的众多独特技术中的一部分。该软件不仅具有强大的实体造型、曲面造型、虚拟装配和产生工程图等设计功能，而且在设计过程中还可进行有限元分析、机构运动分析、动力学分析和仿真模拟，提高了设计的可靠性。同时，可用建立的三维模型直接生成数控代码，用于产品的加工。另外它还提供二次开发语言 NX/Open GRIP。NX/Open API 简单易学，实现功能多，便于用户开发专用 CAD 系统。除此之外，NX 还有如下优秀的特点：

1. 知识驱动自动化

所谓知识驱动自动化（KDA），就是获取过程知识并用以推动产品开发流程的自动化。捕捉并反复利用知识是 NX 最重要特征，它反映了对用户不变的承诺，并始终保护用户在研究、设计、生产和人员上的投资。在自动化环境中运用知识的方式上，NX 有别于其他任何产品。KDA 是一个革命性的工具，它不仅使知识捕捉成为可能，还使这一过程更为有效、实用和有力。

通过将工程过程中可重复的片断自动化，就可以帮助那些缺乏经验的工程师解决复杂的问题，使初学者能更快地掌握并投入到工作实践中。KDA 缩短了产品运行的周期，增加了企业在行业中的竞争实力。

2. 系统化造型

使用参数化造型，用户只要简单地修改模型的尺寸标注，就能看到该零件各种不同的形状和尺寸，能够按照 ISO 标准和国标标注尺寸、几何公差和汉字说明等。NX 的出图功能也相当强大，可以十分方便地从三维实体模型直接生成二维工程图，并能直接对实体做旋转剖、阶梯剖和轴测图挖切以生成各种剖视图，增强了绘制工程图的实用性。而使用系统化造型，用户就能够通过改变产品中的任何部件，进行各种变形，来查看完整的产品及其生产过程。

企业除了设计零件之外，还要进行装配、子装配以及构件的设计。NX 技术将参数化造型技术提升到更为高级的系统和产品设计的层面上。系统级的设计参数将由产品向下驱动其子系统、装配以及最终的构件。对于产品定义模板的修改将通过自动化的途径，折射到所有相关的系统和构件上。

3．集成化协作

众所周知，企业生产的产品，通常是集体协作的结晶，在这个大前提下，NX 涵盖了支持用户扩展产品开发团队、客户以及供应链纳入产品开发流程的所有技术。通过这些技术，实现使 NX 在企业选择专业性辅助工具时具有强劲的竞争优势。

4．开放式设计

NX 对其他 CAD 系统是开放的，甚至还为其他计算机辅助工具提供了基础技术，具有统一的数据库，可以真正实现 CAD/CAM/CAE 等各模块之间的无数据交换的自由切换，可实施并行工程，这样用户就可以同整个开发过程中涉及的其他系统轻松地交换数据。NX 拓宽了用户获取设计信息的途径，它允许用户将几何规则和约束直接应用于所有模型，不论它们来自何处。此外，NX 还具备良好的柔韧性，它可以根据用户特定的工作环境和手头上特定的工作，来组合不同的建模方法。这一点是 NX 开发团队一直致力于完善和坚持的，这就是为什么 NX 系列软件每一版的升级都是用户所期盼的原因所在。

5．实践验证的应用工具

从概念设计到产品的加工，NX 产品丰富的功能与继承的深度都是无可比拟的。先进的 CAD/CAM/CAE 软件集成了用户的最佳实践经验和应用过程，NX 为产品开发周期的每一个领域都提供了非常完美的解决方案。同时，NX 系列软件还具有良好的用户界面，绝大多数功能都可通过单击图标实现；进行对象操作时，具有自动推理功能，在每个操作步骤中，都有相对应的提示信息，便于用户做出正确的选择。如今，全世界数以千计的 NX 用户——无论是生产航空、航天产品还是生产日用消费品，都正受益于这一突破性产品所带来的价值，他们使用这个软件进行新颖的高质量的产品开发，并能够快速超越竞争对手，率先将产品投放到市场，赢得占领市场的先机。

1.2　NX 基础知识

1.2.1　NX 界面简介

本节将介绍 NX 的界面及其各部分的主要功能。NX 的界面在设计上简单易懂，用户只要了解各部分的位置与用途，就可以充分运用界面的特殊功能，给自己的工作带来方便。打开 NX12.0 软件，进入建模环境，界面显示如图 1-1 所示。

下面简要介绍一下各部分的主要功能。

1．选项卡

选项卡用于切换各功能模块，如装配、曲线、渲染等，如用户需要切换分析选项，可以通过【分析】单击选项卡，然后图标工具栏会显示分析的相关图标栏，如图 1-2 所示。

2．主菜单工具栏

主菜单工具栏包含了 NX 软件的所有功能命令，NX 系统将所有的命令或是设置选项予以分类，分别放置在不同的菜单项中，以方便查询及使用。每选择其中的一个主菜单工具栏时，系统都会展开一个如图 1-3 所示的下拉式菜单，显示出所有与该功能有关的命令选项。

窗口标题栏

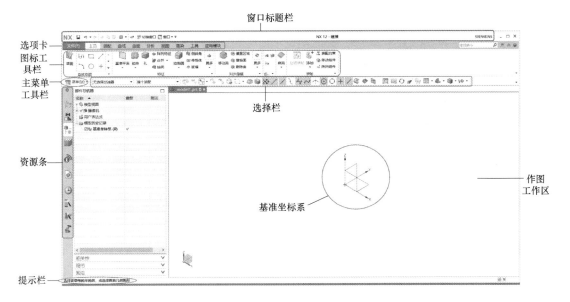

选项卡

图标工具栏

主菜单工具栏

选择栏

资源条

基准坐标系

作图工作区

提示栏

图 1-1　NX 建模主界面

图 1-2　选项卡切换显示

3. 图标工具栏

NX 环境中使用最为普遍的就是图标工具栏，它按照不同的功能分成若干类，用户可以根据设计需要进行单击，选择相关功能。同时可以在主页工具栏区域中单击【功能区选项】，如图 1-4 所示。设置时，只需要在相应功能的图标工具栏选项中单击，使其前面出现一个对钩即可。若要取消设置，则只需要再单击该选项，去掉前面的对钩就行了。

图 1-3　下拉式菜单

图 1-4　图标工具栏

4. 作图工作区

作图工作区是 NX 的主要工作区域，可以用于显示绘制前后的图素、分析结果和模拟仿真等。在进入绘图模式后，绘图工作区内就会显示选择球，用来表明当前光标所在工作区域。

5. 提示栏

提示栏固定在作图工作区下方（可以通过用户界面设置提示栏的放置位置），主要用来提示用户如何操作。执行每个命令步骤时，系统都会在提示栏中显示用户执行的动作，或者提示用户下一个动作。在操作时，最好能够先了解提示栏的信息，再继续操作下一步，这样可以避免发生错误，相关提示如图 1-5 所示。

6. 基准坐标系

NX 作图界面中的基准坐标系提供一组关联的对象，包括三个轴、三个平面、一个坐标系和一个原点。基准坐标系显示为部件导航器中的一个特征，它的对象可以单独选取，以支持创建其他特征和在装配中定位组件。创建新文件时，默认情况下基准坐标系定位在绝对零点，如图 1-6 所示。

选择要草绘的平的面，或选择截面几何图形

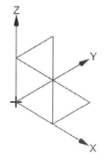

图 1-5 提示栏   图 1-6 基准坐标系

1.2.2 点选择功能简介

在 NX 操作中，运行某一命令时，在选择栏中会有点选择功能选项。该选项就是点选择功能的选项，它主要用于在绘图工作区中捕捉存在点或指定新点，点选择功能如图 1-7 所示，具体应用见表 1-1。

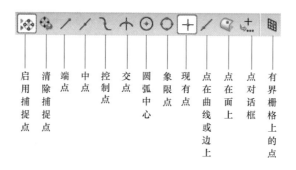

图 1-7 点选择功能选项

表 1-1　点选择功能具体应用

对应图标	说明	图析
	该选项在存在直线、圆弧、二次曲线及其他曲线的端点上创建一个点或规定新点的位置	圆弧　直线　抛物线　样条曲线
	该选项在存在直线及其他曲线的中心上创建一个点	
	该选项在曲线的控制点上创建一个点或规定新点的位置。控制点与曲线的类型有关,它可以是:存在点、直线的中点或端点、开口圆弧的端点、中点或中心点、二次曲线的端点和样条曲线的定义点或控制点	圆弧　直线　抛物线　样条曲线
	该选项在两段曲线的交点上、一曲线和一曲面或一平面的交点上创建一个点或规定新点的位置。若两者的交点多于一个,则系统在最靠近第二对象处创建一个点或规定新点的位置;若两段平行曲线并未实际相交,则系统会选取两者延长线上的相交点;若选取的两段空间曲线并未实际相交,则系统在最靠近第一对象处创建一个点或规定新点的位置	选取的点　选取的点　两非平行曲线的交点　两空间曲线的交点　第二条曲线　选取的点　第一条曲线
	该选项在选取圆弧、椭圆或球的中心处创建一个点或规定新点的位置	
	该选项在圆弧或椭圆弧的四分点处创建一个点或规定新点的位置,所选取的四分点是离光标选择球最近的那个四分点	其他四分点　其他四分点　光标选择球的位置　选取的椭圆弧四分点　其他四分点
	该选项在某个存在点上创建一个点,或通过选择某个存在点规定一个新点的位置	
	该选项允许选择曲线上最近光标中心的点	点在曲线上

（续）

对应图标	说明	图析
	该选项允许选择面上最接近光标中心的点	点在面上 面／整体突变(1)
	该选项能够进入点创建对话框,让用户利用这个对话框来创建点或指定新点的位置	
	该选项能够进行栅格的相交点的选择,让自己利用这个选项创建点或指定新点的位置(此功能为新增功能)	有界栅格上的点

1.2.3　图层功能简介

图层用于存储文件中的对象,并且其工作方式类似于容器,可通过结构化且一致的方式来收集对象。与显示和隐藏等简单可视工具不同,图层提供一种更为永久的方式来对文件中对象的可见性和可选择性进行组织和管理。NX 软件中一共有 256 个图层,每一个图层都可以设置为工作图层,但在一个部件中,只能有一个工作图层。当用户选择主菜单【格式】|【图层设置】或按快捷键 Ctrl+L 后,系统会弹出【图层设置】对话框,如图 1-8 所示。

1. 工作图层

设计部件时可以使用多个图层,但是一次只能在一个图层上工作,这称为工作图层。可将任意一图层设为工作图层,系统默认工作图层为 1。图层的设置可以按自己企业标准进行设置,以提高管理效率与作图效率。

2. 类别显示与添加

类别是命名的图层组。类别添加可将图层组织为有意义的信息集合,类别显示提供简便的方式来一次管理多个图层的可见性和可选择性。

图 1-8　【图层设置】对话框

3. 图层控制

图层控制是用来设置工作图层、可见层和不可见层、可选层及信息显示。

4. 设置

用于设置改变图层对象后的显示方式，如设置是否"显示前全部适合"等选项。

1.2.4　视图布局功能

视图布局是按用户定义的方式排列在图形显示区的视图集合。一个视图的名称可由系统命名，也可自己命名，并随部件文件一起被保存。一个视图布局可允许用户同时在屏幕上排列最多 9 个视图，用户可在视图布局中的任意一视图内选择对象。

视图布局功能主要通过主菜单【视图】|【布局】选项来实现，在布局里可以控制视图布局的状态和各视图的显示角度。用户可将绘图工作区分为数个视图，以方便进行部件细节的编辑和实体观察。图 1-9 所示的就是视图布局的 6 种方式和视图布局操作的菜单命令选项。

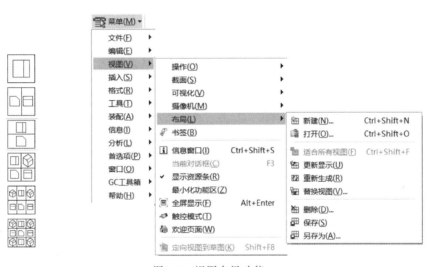

图 1-9　视图布局功能

1. 替换视图

使用【替换视图】命令可将布局中的某一视图替换为其他视图。同一布局内的视图名称必须唯一，因此如果使用布局中已存在的视图来替换该布局中的视图，则它的名称会附加一个井字符（#）。同时替换视图只能在单个布局中存在多个视图时执行此操作。

2. 保存与另存为

当选择主菜单中命令【视图】|【布局】|【保存】时，系统则用当前的视图布局名称保存到修改后的布局里。

当选择下拉菜单命令【视图】|【布局】|【另存为】时，系统弹出【另存布局】对话框，如图 1-10所示。在【名称】文本框输入一个新的布局名称，则系统会用新的名称保存布局，在制图模块中新的布局可以选用。

图 1-10　【另存布局】对话框

1.2.5 基准平面

使用【基准平面】命令可创建平面参考特征，以辅助定义其他特征，如与目标实体的面成角度的扫掠体及特征。基准平面可以是关联的，也可以是非关联的。

1. 关联基准平面

关联基准平面可参考曲线、面、边、点和其他基准。可以创建跨多个体的关联基准平面，同时关联的基准平面会在部件导航器中当作基准平面名称。

2. 非关联基准平面

非关联基准平面不会参考其他几何体，通过清除基准平面对话框中的关联框，可以使用任何基准平面方法来创建非关联基准平面。非关联基准平面在部件导航器中被列为固定基准平面名称。

3. 基准平面类型与创建

要进入基准平面创建对话框可以选择主菜单【插入】|【基准/点】|【基准平面】或在特征工具条中单击【基准平面】图标 🗔 按钮，系统弹出【基准平面】对话框，如图 1-11 所示。在【基准平面】对话框中，可以通过选择不同的类型选项进行创建基准平面，类型选项如图 1-12 所示。

图 1-11　【基准平面】对话框　　　　　图 1-12　基准平面类型选项

（1）自动判断　根据所选的对象确定要使用的最佳基准平面类型。

（2）按某一距离　创建与一个平的面或其他基准平面平行且相距指定距离的基准平面。

（3）成一角度　按照与选定平面对象所呈的特定角度创建平面。

（4）二等分　在两个选定的平的面或平面的中间位置创建平面。如果选定的平面互相呈一角度，则以平分角度放置平面。

（5）曲线和点　使用点、直线、平的边、基准轴或平的面的各种组合来创建平面（例如，三个点、一个点和一条曲线等）。

（6）两直线　使用任何两条线性曲线、线性边或基准轴的组合来创建平面。

（7）相切　创建与一个非平的曲面相切的基准平面（相对于第二个所选对象）。

（8）通过对象　在所选对象的曲面法向上创建基准平面。

（9）点和方向　根据一点和指定方向创建平面。

（10）曲线上　在曲线或边上的位置处创建平面。

（11）YC-ZC 平面、XC-ZC 平面、XC-YC 平面　沿工作坐标系（WCS）或绝对坐标系（ABS）的 XC-YC、XC-ZC 或 YC-ZC 轴创建固定的基准平面。

（12）视图平面　创建平行于视图平面并穿过 WCS 原点的固定基准平面。

（13）按系数　使用含 A、B、C 和 D 系数的方程在 WCS 或绝对坐标系上创建固定的非关联基准平面（Ax+By+Cz＝D）。

基准平面只是基准当中的其中一种，基准包括基准轴、基准坐标系，由于操作和选项差不多，在此不再做解析。具体的应用将会在以后章节进行实例讲解。

第2章 曲线草图基础与案例剖析

本章主要知识点：

- 曲线与草图
- 派生曲线
- 基准与点
- 曲线编辑

2.1 曲线

2.1.1 直线

使用【直线】命令可以创建直线段，创建方法有多种，如使用点、方向及切线来指定直线的起点与终点选项、在直线创建期间指定约束、创建关联或非关联的直线等。在主菜单中选择【插入】|【曲线】|【直线】命令，系统弹出【直线】对话框，如图 2-1 所示。

图 2-1 【直线】对话框

实例 1 绘制直线

利用【直线】命令，完成图 2-2 所示的图档绘制。

步骤 1：运行 NX12.0 软件。

步骤 2：在主菜单中选择【文件】|【新建】命令，或在【标准】工具栏中单击【新建】

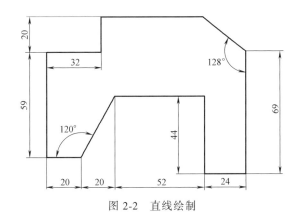

图 2-2　直线绘制

图标█按钮，系统将弹出【新建】对话框，在名称栏输入"line"，其余参数按系统默认，单击<确定>按钮进入建模环境。

步骤 3：在主菜单工具栏中单击【插入】|【曲线】|【直线】命令，或在选项卡中单击【曲线】选项，然后在【曲线】工具栏中单击【直线】图标█按钮，系统弹出【直线】对话框，如图 2-1 所示。

↪ 在作图区选择基准坐标点为直线起始点，然后平行+X 轴方向拖动，并在【长度】文本框中输入"20"，其余参数按系统默认，单击█应用█按钮，完成直线段 1 创建。

↪ 在作图区选择直线 1 的终点为直线 2 的起始点，接着在█终点选项█下拉选项中选择█成一角度█选项，然后在作图区选择直线 1 为参考对象，并在【角度】文本框中输入"60"，在█终止限制█的【距离】文本框中输入"40"，其余参数按系统默认，单击█应用█按钮，完成直线 2 创建。

↪ 利用上述相同操作方法，完成直线作图的创建，结果如图 2-3 所示。

图 2-3　直线创建结果

> **技巧提示**：1. 如果不想创建关联直线段时，可以直接用【基本曲线】中的直线命令进行创建；2. 只有在如下情况关联直线最佳：①创建的数量较少；②它们在 3D 空间中与几何体相关。

2.1.2　圆弧/圆

使用此命令可创建关联的圆弧及圆特征，所获取的圆弧类型取决于组合的约束类型，通过组合不同类型的约束，可以创建多种类型的圆弧。在主菜单中选择【插入】|【曲线】|【圆弧/圆】命令，系统弹出【圆弧/圆】对话框，如图 2-4 所示。

> **技巧提示**：当圆弧为 3D 空间且与几何体要创建少数的关联圆弧时，可采用此命令，如果所有圆弧都在 2D 平面上，则使用草图会比较容易。

图 2-4 【圆弧/圆】对话框

用于创建圆弧或圆的创建方法类型

用于指定起点和终点约束，终点约束在从中心开始的圆弧/圆无效

用于指定限制圆弧或圆的起点与终点起始角，限制选项在从中心开始的圆弧/圆有效

实例 2 绘制圆弧/圆

步骤 1：运行 NX12.0 软件。

步骤 2：在主菜单中选择【文件】|【打开】命令，或单击工具栏的【打开】图标按钮，系统弹出【打开】对话框，在对话框中找到练习文件夹 ch1 并选择 Arc.prt 文件，再单击 OK 按钮进入 NX 建模界面。

步骤 3：在主菜单工具栏中选择【插入】|【曲线】|【圆弧/圆】命令或在选项卡中单击【曲线】选项，然后在【曲线】工具栏中单击圆弧图标按钮，系统弹出【圆弧/圆】对话框，如图 2-4 所示。

➥ 在作图区选择直线 1 端点为圆弧起始点，接着选择直线 2 的端点为圆弧终点，然后选择直线 3 的端点为圆弧中点，其余参数按系统默认，单击 <确定> 按钮完成圆弧创建，结果如图 2-5 所示。

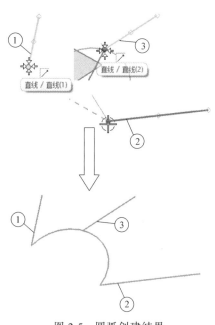

图 2-5 圆弧创建结果

技巧提示：1. 如果要创建圆操作，则可在【限制】卷展栏中勾选 ✓整圆选项，最终创建结果就为圆。2. 对话框内的相关选项，可参考软件的帮助文件，本书不做详细解析。

2.1.3 基本曲线

【基本曲线】命令能够生成直线、弧、圆和圆角，并可以修剪这些曲线或编辑其参数，

选择对话框中的不同功能图标，则系统会显示出相应的功能界面。但【基本曲线】创建出来的线段是非关联的。在主菜单中选择【插入】|【曲线】|【基本曲线】命令，或在【曲线】工具栏中单击【基本曲线】图标 按钮，系统弹出【基本曲线】对话框，如图 2-6 所示。

> **技巧提示**：NX12.0 版在主菜单或曲线工具栏中如果找不到基本曲线，可以通过按 "ctrl+1" 或在主菜单中选择【工具】|【定制】，在【定制】对话框中找到【所有命令】|【菜单】|【插入】|【曲线】，然后在【项】中找到【基本曲线】，最后拖至相关位置即可。

1. 直线

在创建直线时，有如下几个选项：

（1）无界　该选项设置为"开"时，无论创建方法如何，所创建的任何直线都受视图边界限制（在线串模式无效）。

（2）锁定模式/解锁模式　当下一步操作通常会导致直线创建模式发生更改，而又想避免这种更改时，可使用"锁定模式"。

（3）平行于　它用于创建平行线的选项。

（4）按给定距离平行于　用于创建偏置直线时，所偏置的距离是以新的对象为参考还是以初始对象为参考。

（5）角度增量　如果指定了第一点，然后在图形窗口中拖动光标，则该直线会捕捉至该字段中指定的每个增量度数处（只有在"点方法"为"自动判断的点"时有效）。

图 2-6　【基本曲线】对话框

2. 圆弧

在创建圆弧时，有如下几个选项：

（1）整圆　当该选项为"开"时，不论其创建方法如何，所创建的任何圆弧都是完整的圆（在线串模式无效）。

（2）备选解　当创建圆弧方向相反时，则可以选用备选解进行更改。

（3）创建方法　指定所选的点（或其他对象）如何用于定义圆弧。

3. 圆角

当在直线对话框中单击圆角 图标时，系统弹出曲线倒圆对话框，里面包括如下选项：

（1）简单圆角　在两条共面非平行线之间创建圆角。

（2）2 曲线圆角　在两条曲线（包括点、直线、圆、二次曲线或样条）之间构造一个圆角。

（3）3 曲线圆角　在三条曲线之间创建圆角，它们可以是点、直线、圆弧、二次曲线和样条的任意组合。

（4）修剪选项　修剪选项可缩短或延伸选中曲线以便与圆角连接起来。

（5）点构造器　用于通过点构造器来选择一些或全部曲线进行倒圆角。

> **技巧提示**：2 曲线倒圆角不但可以做出相切效果，还可以做出一边相切一边相交的效果。

实例3 绘制基本曲线

利用【基本曲线】功能，完成图2-7所示的图形绘制。

步骤1：运行NX12.0软件。

步骤2：在主菜单中选择【文件】|【新建】命令或在【标准】工具栏中单击【新建】图标 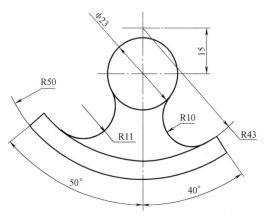 按钮，系统将弹出【新建】对话框，在此不做任何更改，单击 确定 按钮进入建模环境。

步骤3：在主菜单工具栏中选择【插入】|【曲线】|【基本曲线】命令或在曲线选项卡中单击【曲线】，然后在【曲线】工具栏中单击基本曲线图标 按钮，系统弹出【基本曲线】对话框，如图2-6所示。

图2-7　基本曲线绘制

步骤4：绘制图形。

↘ 在【基本曲线】对话框中单击【圆】图标○按钮，然后在【跟踪栏】中分别在XC、YC和ZC坐标文本栏框中输入"0""0"和"0"并按回车键，此时圆心在坐标原点，最后在【跟踪栏】↔（直径）文本栏框中输入"23"并按回车键完成圆创建，结果如图2-8所示。

↘ 在【基本曲线】对话框中单击【圆弧】图标 按钮，然后在【创建方式】选项中选择 ●中心，起点，终点。

↘ 在【跟踪栏】中分别在XC、YC和ZC坐标文本栏框中输入"0""15"和"0"并按回车键，此时圆心坐标在Y轴"15"处，接着在【跟踪栏】（半径）文本栏框中输入"43"、（起始角）文本栏框中输入"220"、（终止角）文本栏框中输入"310"，接着按回车键完成圆弧创建，如图2-9所示。

↘ 利用同样的方法创建R50圆弧段，如图2-10所示。

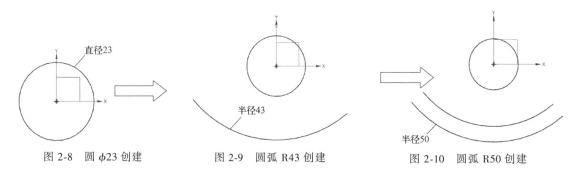

图2-8　圆φ23创建　　　图2-9　圆弧R43创建　　　图2-10　圆弧R50创建

↘ 在【基本曲线】对话框中单击【直线】图标／按钮，然后选择圆弧R43一端点与圆弧R50一端点进行连线，同理完成另一端线段连线，结果如图2-11所示。

➥ 在【基本曲线】对话框中单击【圆角】图标 按钮，系统弹出【曲线倒圆】对话框，如图 2-12 所示。

➥ 在【方法】处单击【两曲线圆角】图标 按钮，在半径文本栏框中输入 "11"；在【修剪选项】中将 ☑修剪第一条曲线 与 ☑修剪第二条曲线 前的 ☑ 去除，然后在作图区选择圆弧 R43 与 φ23，最后光标尽量靠左边单击完成两曲线圆角操作，同理完成圆弧 R10 操作，结果如图 2-13 所示。

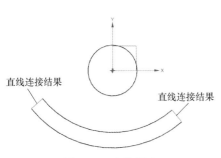

图 2-11　直线创建

图 2-12　【曲线倒圆】对话框

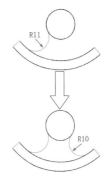

图 2-13　基本曲线创建结果

> **技巧提示**：1. 在创建基本曲线过程时，应该注意【跟踪栏】中的坐标值，且每一次输入完成一组数据后记得回车一次。2. 如果【跟踪栏】中的坐标点随着光标移动而移动时，则可按如下设置【菜单】|【首选项】|【用户界面】|【选项】，然后将 ☑跟踪光标位置 前的 ☑ 去除。3. 在曲线倒圆时，一般选取对象方式是以逆时针方向选取。

2.1.4　艺术样条

使用【艺术样条】命令可以创建关联或非关联样条，创建方法有通过点及通过极点两种，在通过点和通过极点样条类型之间切换时，将删除任何内部点约束。

在使用艺术样条时，可以执行如下操作：

➥ 在定义点或终端极点指派曲率约束。

➥ 通过拖动定义点或极点可修改样条。

➥ 控制样条的参数化，例如阶次、段数和结点位置。

➥ 控制样条的制图平面，以及点或极点的移动方向。

➥ 以对称方式或单独延长艺术样条的两端。

在主菜单选择【插入】|【曲线】|【艺术样条】命令或在选项卡中单击【曲线】，然后在【曲线】工具栏中单击图标 按钮，系统弹出【艺术样条】对话框，如图 2-14 所示。

实例 4　创建艺术样条

步骤 1：运行 NX12.0 软件。

步骤 2：在主菜单中选择【文件】|【打开】命令或单击工具栏的【打开】图标 按钮，

指定要创建的样条类型，包括通过点和通过极点

在指定的制图平面上定义样条点或极点位置。当在已有的对象上创建，则会弹出G1、G2和G3约束项

用于指定阶次、匹配终点位置、单段及选择封闭等选项

指定要在其中创建和约束样条的平面

在指定的方向上或沿指定的平面移动样条点和极点

延伸或缩短样条

对于精细曲线点编辑而言，此选项十分有用

图 2-14 【艺术样条】对话框

系统将弹出【打开】对话框，在此找到练习文件夹 ch2 并选择"艺术样条"文件，再单击 OK 按钮进入 NX 建模环境。

步骤 3：在主菜单工具栏中选择【插入】|【曲线】|【艺术样条】命令或在【曲线】工具栏中单击【艺术样条】图标 按钮，系统弹出【艺术样条】对话框，如图 2-14 所示。

⬎ 在作图区从左至右依序选择边界端点，同时在起点与终点处约束为 G1 过渡，其余参数按系统默认，单击 < 确定 > 按钮完成艺术样条曲线操作，结果如图 2-15 所示。

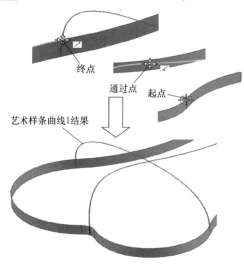

终点

通过点

起点

艺术样条曲线1结果

图 2-15 艺术曲线创建结果

2.1.5 螺旋线

【螺纹】命令通过定义圈数、螺距、半径方式（规律或恒定）、旋转方向和适当的方向，可以生成螺旋线，通过不同的参数设置可生成各式不同的螺旋线（弹簧），如图 2-16 所示。在主菜单工具栏中选择【插入】|【曲线】|【螺旋】命令或在【曲线】工具栏中单击【螺旋】图标 按钮，系统弹出【螺旋】对话框，如图 2-17 所示。

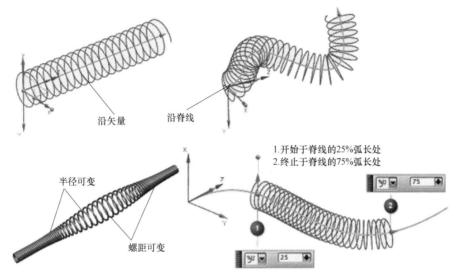

图 2-16　各式不同的螺旋线

图 2-17　【螺旋】对话框

2.1.6　文本

用【文本】命令可根据本地 Windows 字体库中的 Truetype 字体生成 NX 曲线，无论何时需要文本，都可以将此功能作为部件模型中的一个设计元素使用。在主菜单中选择【插入】|【曲线】|【文本】命令，或在【曲线】工具栏中单击【文本】图标 $\mathbf{A}$ 按钮，系统弹出【文本】对话框，如图 2-18 所示。

用于指定文本类型，包括平面副、曲线上及面上三种

用于设置线性、字体及间距及选择表达式

用于指定文本的长宽高数值，同时指定文本的锚点位置

图 2-18　【文本】对话框

实例 5　创建文本

步骤 1：运行 NX12.0 软件。

步骤 2：在主菜单中选择【文件】|【打开】命令，或单击工具栏的【打开】图标 按钮，系统将弹出【打开】对话框，在此找到练习文件夹 ch2 并选择"文字"文件，再单击 OK 按钮进入 NX 建模环境。

步骤 3：在主菜单工具栏中选择【插入】|【曲线】|【文本】命令，或在【曲线】工具栏中单击【文本】图标 $\mathbf{A}$ 按钮，系统弹出【文本】对话框，如图 2-18 所示。

↘ 在【类型】下拉选项选择 曲线上 选项，接着在作图区选择已有的曲线为文本放置曲线，在【文本属性】文本框中输入"中国制造2025"，然后在【线型】下拉选项选择 华文楷体 选项，【脚本】下拉选项选择 GB2312 选项。

↘ 在【文本】对话框中单击 文本框 卷展栏，在【偏置】文本框中输入"5"，【高度】文本框中输入"12"，【W 比例】文本框中输入"150"，其余参数按系统默认，单击 确定 按钮完成文本创建，结果如图 2-19 所示。

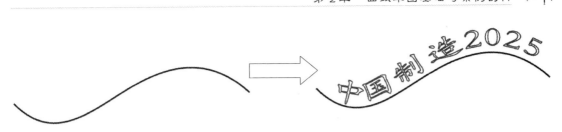

图 2-19　文本创建结果

技巧提示：如果写出的文本倒转过来，则可以在【文本框】选项卡中单击

| 反转字符方向 | ✕ |

进行调整。

2.2　派生曲线

2.2.1　桥接曲线

使用【桥接曲线】命令可以创建通过可选光顺性约束连接两个对象的曲线，也可以使用此命令跨基准平面创建对称的桥接曲线。在主菜单中选择【插入】|【派生曲线】|【桥接】命令，或在【派生曲线】工具栏中单击【桥接曲线】图标按钮，系统弹出【桥接曲线】对话框，如图 2-20 所示。

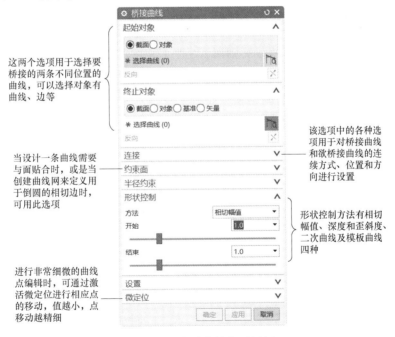

图 2-20　【桥接曲线】对话框

实例 6　创建桥接曲线

步骤 1：运行 NX12.0 软件。

步骤 2：在主菜单中选择【文件】|【打开】命令，或单击工具栏的【打开】图标按钮，系统将弹出【打开】对话框，在此找到练习文件夹 ch2 并选择"桥接曲线"文件，再单击 OK 按钮进入 NX 建模环境。

步骤 3：在主菜单工具栏中选择【插入】|【派生曲线】|【桥接】命令，或在【派生曲线】工具栏中单击【桥接曲线】图标按钮，系统弹出【桥接曲线】对话框，如图 2-19 所示。接着在作图区选择曲线段 1，单击鼠标中键，系统跳至【终止对象】卷展栏，然后在作图区选择曲线段 2，其余参数按系统默认，单击 < 确定 > 按钮完成桥接操作，如图 2-21 所示。

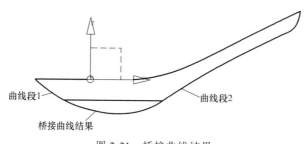

图 2-21　桥接曲线结果

技巧提示：1. 此例只是做了桥接曲线的基本操作；2. 桥接曲线还可以在一个空间曲面上进行沿曲面桥接，具体可观看视频操作。

2.2.2　投影曲线

使用此命令可将曲线、边和点投影到面、小平面化的体和基准平面上。在主菜单中选择【插入】|【派生曲线】|【投影】命令，或在【派生曲线】工具栏中单击【投影曲线】图标按钮，系统弹出【投影曲线】对话框，如图 2-22 所示。

图 2-22　【投影曲线】对话框

实例 7　创建投影曲线

步骤 1：运行 NX12.0 软件。

步骤 2：在主菜单中选择【文件】|【打开】命令，或单击工具栏的【打开】图标按钮，系统将弹出【打开】对话框，在此找到练习文件夹 ch2 并选择"投影曲线"文件，再单击 OK 按钮进入 NX 建模环境。

步骤 3：在主菜单工具栏中选择【插入】|【派生曲线】|【投影】命令，或在【派生曲线】工具栏中单击【投影曲线】图标按钮，系统弹出【投影曲线】对话框，如图 2-22 所示。此时【要投影的曲线或点】选项激活，接着在作图区选择"SIEMENS NX 12"作为投影曲线，单击右键系统激活【要投影的对象】选项，然后在作图区选择曲面作为投影面，在【方向】下拉选项中选择 沿矢量▼ 选项，其余参数按系统默认，单击 <确定> 按钮，完成【投影曲线】操作，如图 2-23 所示。

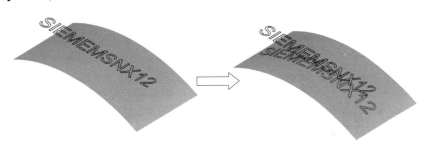

图 2-23　投影曲线结果

> **技巧提示**：投影曲线的投影方向可以分为："沿面的法向、朝向点、朝向直线、沿矢量、与矢量所成的角度"，系统默认的投影方向为"沿面法向"，所以本实例是按照"沿矢量"方向投影，其他操作步骤基本相同。

2.2.3　偏置曲线

使用【偏置曲线】命令可在现有直线、圆弧、二次曲线、样条和边界上创建一定距离的曲线。在主菜单中选择【插入】|【派生曲线】|【偏置】或在【派生曲线】工具栏中单击【偏置曲线】图标按钮，系统弹出【偏置曲线】对话框，如图 2-24 所示。

实例 8　创建偏置曲线

步骤 1：运行 NX12.0 软件。

步骤 2：在主菜单中选择【文件】|【打开】命令，或单击工具栏的【打开】图标按钮，系统将弹出【打开】对话框，在此找到练习文件夹 ch2 并选择"偏置曲线"文件，再单击 OK 按钮进入 NX 建模环境。

步骤 3：在主菜单工具栏中选择【插入】|【派生曲线】|【偏置】命令，或在【派生曲线】工具栏中单击【偏置曲线】图标按钮，系统弹出【偏置曲线】对话框，如图 2-24

偏置曲线类型选项包括距离、拔模、规律控制及3D轴向四个选项

用于选择要偏置的曲线

用于指定偏置平面上的点

用于设定偏置距离、高度和拔模角度等

图 2-24 【偏置曲线】对话框

所示。在作图区选择图 2-25 所示的边界线为要偏置的曲线，接着在【距离】文本框中输入"5"，其余参数按系统默认，单击<确定>按钮完成【偏置曲线】操作，结果如图 2-26 所示。

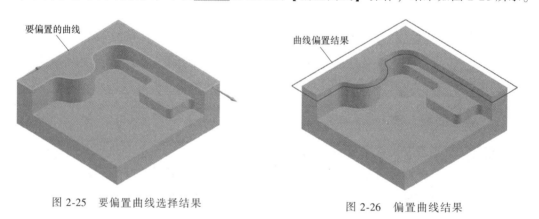

要偏置的曲线

曲线偏置结果

图 2-25 要偏置曲线选择结果

图 2-26 偏置曲线结果

技巧提示： 对于距离、拔模和规律控制类型的偏置曲线，要偏置的曲线必须位于同一平面上。

2.2.4 在面上偏置曲线

使用此命令可根据曲面上的相连边或曲线，在一个或多个面上创建偏置曲线，偏置曲线可以是关联也是非关联。在主菜单中选择【插入】|【派生曲线】|【在面上偏置】命令，或在【派生曲线】工具栏中单击【在面上偏置曲线】图标按钮，系统弹出【在面上偏置

曲线】对话框，如图 2-27 所示。

类型包括常数和变量，使用变量可以指定与原始曲线上点位置之间的不同距离

用于选择要在指定面上偏置的曲线或边

用于选择面与平面以在其上创建偏置曲线

根据需要使偏置曲线尖角光顺

用于指定偏置方向是垂直曲线还是垂直矢量

用于设置修剪与延伸选项，同时可移除偏置曲线内的自相交对象

图 2-27 【在面上偏置曲线】对话框

实例 9   创建在面上偏置曲线

步骤 1：运行 NX12.0 软件。

步骤 2：在主菜单中选择【文件】|【打开】命令，或单击工具栏的【打开】图标按钮，系统将弹出【打开】对话框，在此找到练习文件夹 ch2 并选择 "在面上偏置曲线" 文件，再单击 OK 按钮进入 NX 建模环境。

步骤 3：在主菜单工具栏中选择【插入】|【派生曲线】|【在面上偏置】命令，或在【派生曲线】工具栏中单击在【面上偏置曲线】图标按钮，系统弹出【在面上偏置曲线】对话框，如图 2-27 所示。在作图区选择现有曲线为要偏置的曲线，接着在【截面线 1：偏置 1】文本框中输入 "15"，然后在作图区选择曲面为偏置选择面，其余参数按系统默认，单击 < 确定 > 按钮完成【在面上偏置曲线】操作，结果如图 2-28 所示。

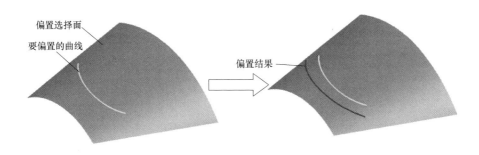

偏置选择面

要偏置的曲线

偏置结果

图 2-28 【在面上偏置曲线】结果

技巧提示：通过设置对话框不同的选项，可达到不同效果的偏置曲线。

2.2.5　组合投影

使用【组合投影】命令可在两条投影曲线的相交处创建一条曲线。在主菜单中选择【插入】|【派生曲线】|【组合投影】命令，或在【派生曲线】工具栏中单击【组合投影】图标 按钮，系统弹出【组合投影】对话框，如图2-29所示。

图2-29　【组合投影】对话框

实例10　创建组合投影

步骤1：运行NX12.0软件。

步骤2：在主菜单中选择【文件】|【打开】命令，或单击工具栏的【打开】图标 按钮，系统将弹出【打开】对话框，在此找到练习文件夹ch2并选择"组合投影"文件，再单击 OK 按钮，进入NX建模环境。

步骤3：在主菜单工具栏中选择【插入】|【派生曲线】|【组合投影】命令，或在【派生曲线】工具栏中单击【组合投影】图标 按钮，系统弹出【组合投影】对话框，如图2-29所示。

➥ 在【组合投影】对话框中单击 （第一条曲线串）按钮，接着在作图区选择曲线1。在【组合投影】对话框中单击 （第二条曲线串）按钮，接着在作图区选择曲线2，然后单击 应用 按钮完成【组合投影】操作，结果如图2-30所示。

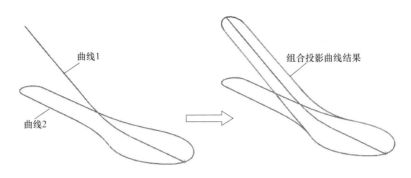

图 2-30　【组合投影】曲线结果

> **技巧提示**：组合投影的两组线段一般不在同一平面创建，组合投影主要用于创建三维空间线段，且投影方向要相对。

2.2.6　镜像曲线

使用【镜像曲线】命令，可以通过基准平面或平的曲面创建镜像曲线特征。在主菜单中选择【插入】|【派生曲线】|【镜像曲线】命令，或在【派生曲线】工具栏中单击【镜像曲线】图标 按钮，系统弹出【镜像曲线】对话框，如图 2-31 所示。

图 2-31　【镜像曲线】对话框

实例 11　创建镜像曲线

步骤 1：运行 NX12.0 软件。

步骤 2：在主菜单中选择【文件】|【打开】命令，或单击工具栏的【打开】图标 按钮，系统将弹出【打开】对话框，在此找到练习文件夹 ch2 并选择"镜像曲线"文件，再单击 OK 按钮进入 NX 建模环境。

步骤 3：在主菜单工具栏中选择【插入】|【派生曲线】|【镜像】命令，或在【派生曲线】工具栏中单击【镜像曲线】图标 按钮，系统弹出【镜像曲线】对话框。

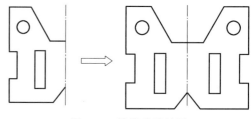

➥ 在作图区框选左边的实线段为要镜像的曲线，接着单击鼠标中键，系统跳至【镜像平面】选项，然后在作图区选择Y-Z平面为镜像对称面，其余参数按系统默认，单击<确定>按钮完成【镜像曲线】操作，结果如图2-32所示。

图 2-32　镜像曲线结果

2.2.7　相交曲线

使用【相交曲线】命令可在两组对象的相交处创建一条相交曲线。在主菜单中选择【插入】|【派生曲线】|【相交曲线】命令，或在【派生曲线】工具栏中单击【相交曲线】图标 按钮，系统弹出【相交曲线】对话框，如图2-33所示。

图 2-33　【相交曲线】对话框

实例 12　创建相交曲线

步骤1：运行NX12.0软件。

步骤2：在主菜单中选择【文件】|【打开】命令，或单击工具栏的【打开】图标 按钮，系统将弹出【打开】对话框，在此找到练习文件夹ch2并选择"相交曲线"文件，再单击 OK 按钮进入NX建模环境。

步骤3：在主菜单工具栏中选择【插入】|【派生曲线】|【相交】命令，或在【派生曲线】工具栏中单击【相交曲线】图标 按钮，系统弹出【相交曲线】对话框，如图2-33所示。

➥ 在【相交曲线】对话框中单击第一组面选项，在作图区选取对象1作为"第一组面"；然后在【相交曲线】对话框中单击第二组面选项，接着在作图区选取对象2作为"第二组面"，其余参数按系统默认，单击<确定>按钮完成【相交曲线】操作，结果如

图 2-34 所示。

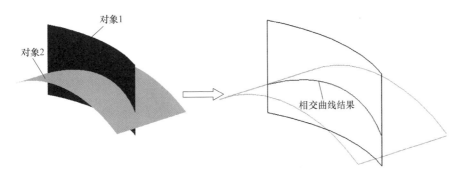

图 2-34　相交曲线结果

2.2.8　等参数曲线

使用【等参数曲线】命令可沿着给定的 U/V 线方向在面上生成曲线。在主菜单中选择【插入】|【派生曲线】|【等参数曲线】命令，或在【派生曲线】工具栏中单击【等参数曲线】图标 按钮，系统弹出【等参数曲线】对话框，如图 2-35 所示。

图 2-35　【等参数曲线】对话框

实例 13　创建等参数曲线

步骤 1：运行 NX12.0 软件。

步骤 2：在主菜单中选择【文件】|【打开】命令，或单击工具栏的【打开】图标 按钮，系统将弹出【打开】对话框，在此找到练习文件夹 ch2 并选择 "等参数曲线" 文件，再单击 按钮进入 NX 建模环境。

步骤 3：在主菜单工具栏中选择【插入】|【派生曲线】|【等参数曲线】命令，或在【派生曲线】工具栏中单击【等参数曲线】图标 按钮，系统弹出【等参数曲线】对话框。

➥在作图区选取片体为选择面，接着在【等参数曲线】对话框中的【方向】下拉选项选择 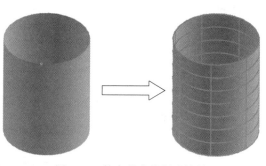 选项，在【数量】文本框中输入"8"，其余参数按系统默认，单击<确定>按钮完成等参数曲线创建，结果如图2-36所示。

图2-36 等参数曲线创建结果

2.2.9 抽取曲线

【抽取曲线】命令可使用一个或多个现有体的边和面创建几何体（直线、圆弧、二次曲线和样条）。在主菜单中选择【插入】|【派生曲线】|【抽取曲线】命令，或在【派生曲线】工具栏中单击【抽取曲线】图标 按钮，系统弹出【抽取曲线】对话框，如图2-37所示。

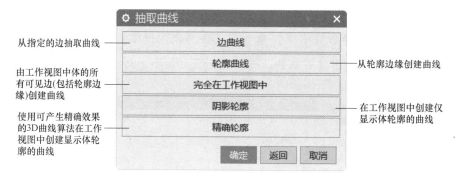

图2-37 【抽取曲线】对话框

2.2.10 抽取虚拟曲线

使用【抽取虚拟曲线】命令从旋转轴面、倒圆或圆角面对象处创建虚拟交线。在主菜单中选择【插入】|【派生曲线】|【抽取虚拟曲线】命令或在【派生曲线】工具栏中单击【抽取虚拟曲线】图标 按钮，系统弹出【抽取虚拟曲线】对话框，如图2-38所示。

图2-38 【抽取虚拟曲线】对话框

实例 14　创建抽取虚拟曲线

步骤 1：运行 NX12.0 软件。

步骤 2：在主菜单中选择【文件】|【打开】命令，或单击工具栏的【打开】图标按钮，系统将弹出【打开】对话框，在此找到练习文件夹 ch2 并选择"抽取虚拟曲线"文件，再单击 OK 按钮进入 NX 建模环境。

步骤 3：在主菜单工具栏中选择【插入】|【派生曲线】|【抽取虚拟曲线】命令，或在【派生曲线】工具栏中单击【抽取虚拟曲线】图标按钮，系统弹出【抽取虚拟曲线】对话框。

在【类型】下拉选项选择 虚拟交线 选项，在作图区选取三个圆角面为要虚拟的交线，其余参数按系统默认，单击 <确定> 按钮完成抽取虚拟曲线创建，结果如图 2-39 所示。

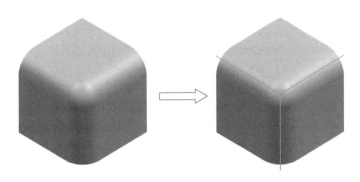

图 2-39　抽取虚拟曲线结果

2.3　编辑曲线

当在作图区完成相关曲线绘制后，有时候会根据需要对对象进行修改与调整。为了符合设计要求，需要调整曲线的很多细节，本节将介绍编辑曲线功能中的相关命令选项。

2.3.1　修剪曲线

使用【修剪曲线】命令可用于修剪曲线或延伸曲线，在主菜单中选择【编辑】|【曲线】|【修剪】命令，或在编辑曲线工具栏中单击【修剪曲线】图标按钮，系统弹出【修剪曲线】对话框，如图 2-40 所示。

实例 15　创建修剪曲线

步骤 1：运行 NX12.0 软件。

步骤 2：在主菜单中选择【文件】|【打开】命令，或单击工具栏的【打开】图标按钮，系统将弹出【打开】对话框，在此找到练习文件夹 ch2 并选择"修剪曲线"文件，再单击 OK 按钮进入 NX 建模环境。

图 2-40 【修剪曲线】对话框

步骤 3：在主菜单工具栏中选择【编辑】|【曲线】|【修剪】命令，或在编辑曲线工具栏中单击【修剪曲线】图标 ✈ 按钮，系统弹出【修剪曲线】对话框，如图 2-40 所示。

↘ 在作图区选择左侧的"圆"边界为要修剪的曲线，系统跳到【边界对象】选项，接着在作图区选择直线段 1 为"边界对像 1"，然后选择直线段 2 为"边界对象 2"；

↘ 在【修剪或分割】卷展栏中将【选择区域】选项选择为 ● 放弃 选项，其余参数按系统默认，单击 应用 按钮完成修剪曲线操作，结果如图 2-41 所示。

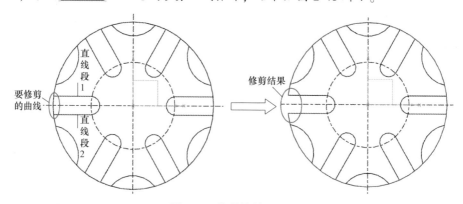

图 2-41 修剪结果（一）

步骤 4：在作图区选择左上角的"圆"为要修剪的曲线，系统跳到【边界对象】选项，接着在作图区选择圆弧段为"边界对像 1"，其余参数按系统默认，单击 应用 按钮完成修剪操作，结果如图 2-42 所示。

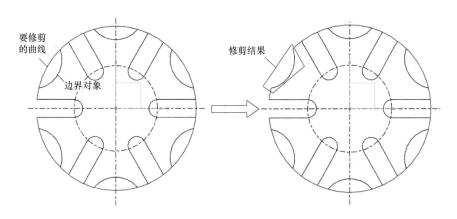

图 2-42　修剪结果（二）

步骤 5：按照步骤 3 和步骤 4 的操作过程，完成其余线段的修剪，修剪最终结果如图 2-43 所示。

2.3.2　修剪拐角

使用【修剪拐角】命令可对两条曲线进行修剪，并将其选择球范围内的对象修剪掉，从而形成一个拐角。在主菜单中选择【编辑】|【曲线】|【修剪拐角】命令，或在编辑曲线工具栏中单击【修剪拐角】图标 按钮，系统弹出【修剪拐角】对话框，如图 2-44 所示。

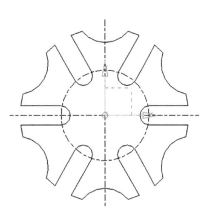

图 2-43　修剪最终结果

技巧提示： 当使用修剪拐角时，选择球要同时压住两个要修剪的对象，否则系统会出现如图 2-45 所示的警告。

图 2-44　【修剪拐角】对话框

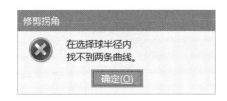

图 2-45　【修剪拐角】警告

2.3.3　曲线长度

使用【曲线长度】命令，可对选择的曲线对象指定长度增量或曲线总长来延伸或修剪曲线。在主菜单中选择【编辑】|【曲线】|【长度】命令，或在编辑曲线工具栏中单击【曲线长度】图标 按钮，系统弹出【曲线长度】对话框，如图 2-46 所示。

UG NX12.0 基础教程与案例精解

图 2-46　【曲线长度】对话框

2.3.4　光顺样条

使用【光顺样条】命令，通过最小化曲率大小或曲率变化来移除样条中的小缺陷。在主菜单中选择【编辑】|【曲线】|【光顺样条】命令，或在编辑曲线工具栏中单击【光顺样条】图标按钮，系统弹出【光顺样条】对话框，如图 2-47 所示。

图 2-47　【光顺样条】对话框

2.3.5　模板成型

用【模板成型】命令从样条的当前形状变换样条，以同模板样条的形状特性相匹配，同时保留原始样条的起点与终点。在主菜单中选择【编辑】|【曲线】|【模板成型】命令，系统弹出【模板成型】对话框，如图 2-48 所示。

用于模板成型样条的选择方法

用于动态更改要成型的样条

强制样条成形以同模板样条的次数与分段相匹配

保持原始样条不发生更改，并编辑副本

图 2-48　【模板成型】对话框

2.4　草图

草图是位于特定平面或路径上的 2D 曲线和点的命名集合，可采取几何和尺寸约束的形式来约束草图，以建立设计所需的标准。

在 NX7.5 以后的版本中提供了直接草图工具栏和草图任务环境两种草图创建和编辑模式。在建模、外观造型设计或钣金应用模块中创建或编辑草图以及查看草图更改对模型产生的实时效果时，建议采用直接草图工具栏；在编辑内部草图、尝试对草图进行更改，但保留该选项以放弃所有更改和在其他应用模块中创建草图时，建议采用草图任务环境。本节主要介绍草图任务环境的操作。

2.4.1　创建草图

创建草图的主要过程包括建立草图工作平面、建立草图对象和激活草图 3 个部分。在主菜单中选择【插入】|【在任务环境中绘制草图】命令系统弹出【创建草图】对话框，如图 2-49 所示。

用于基于在平面上或在轨迹上的类型选择

用于对现有平面的选择或创建新的草图平面

用于定位新草图的原点位置，如果不指定点，NX 将从所选平面或平的面中最近的控制端点来自动判断草图原点

用于将草图的参考方向设置为水平或垂直方向

图 2-49　【创建草图】对话框

2.4.2 草图工具之绘图工具

在草图环境中，利用草图绘图的就是草图工具，如图 2-50 所示。

图 2-50　草图工具之绘图工具

1. 轮廓

使用【轮廓】命令在线串模式下创建一系列的相连直线或圆弧，如图 2-51 所示。在线串模式下，上一条曲线的终点变成下一条曲线的起点。

2. 直线

使用【直线】命令可以创建出一系列的分段线。【直线】对话框有坐标模式和参数模式两种输入模式，自己可根据需要自行切换。

3. 圆弧/圆

使用【圆弧】命令，通过以下两种方法之一创建圆弧：指定圆弧起点、终点和半径；指定圆弧中心以及起点和终点。而使用【圆】命令，也通过以下两种方法之一创建圆：中心点和直径、圆上两点和直径。

图 2-51　轮廓曲线结果

4. 圆角

使用【圆角】命令可以在两条或三条曲线之间创建一个圆角，我们可以：

　↳ 修剪所有的输入曲线或者使它们保持取消修剪状态。

　↳ 删除三曲线圆角中的第三条曲线。

　↳ 指定圆角半径值，或者预览圆角并通过移动光标来确定它的尺寸和位置。

　↳ 按住鼠标左键，在曲线上方拖动，以创建圆角。

在【草图工具】工具栏中单击【圆角】图标　按钮，系统弹出【圆角】对话框，如图 2-52 所示。

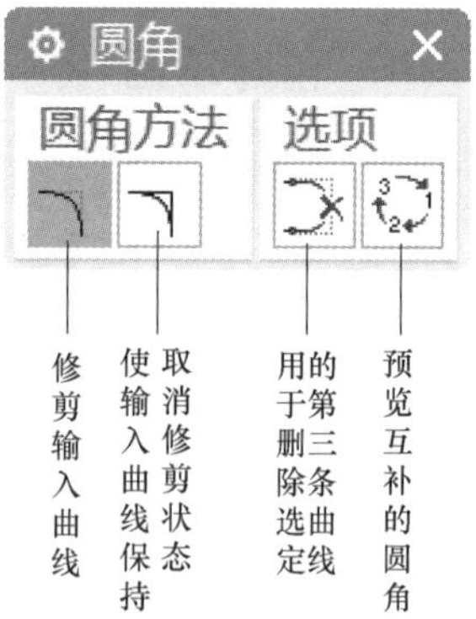

5. 倒斜角

使用【倒斜角】命令可斜接两条草图线之间的尖角，可创建类型包括：对称、非对称、偏置和角度三种。在【草图工具】工具栏中单击【倒斜角】图标　按钮，系统弹出【倒斜角】对话框，如图 2-53 所示。

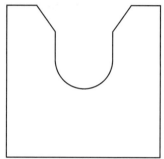

图 2-52　【圆角】对话框

6. 矩形与多边形

（1）矩形　矩形创建方法有：按 2 点、按 3 点和从中心三种。按 2 点创建方法是根据对角上的两点创建矩形，且矩形与 XC 和 YC 草图轴平行；按 3 点创建方法是由起点和决定宽度、高度及角度的两点来创建矩形，矩形可与 XC 和 YC 轴成任何角度；从中心创建方法是指从中心点、决定角度和宽度的第二点以及决定高度的第三点

图 2-53　【倒斜角】对话框

来创建矩形，矩形可与 XC 和 YC 轴任何角度。在【草图工具】工具栏中单击【矩形】图标 按钮，系统弹出【矩形】对话框，如图 2-54 所示。

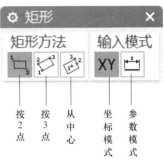

（2）多边形　使用【多边形】命令可通过指定中心点、半径、边及旋转角度值进行创建多边形。其创建方法有：内切圆半径、外接圆半径和边长三种。在【草图工具】工具栏中单击【多边形】图标 按钮，系统弹出【多边形】对话框，如图 2-55 所示。

图 2-54　【矩形】对话框

图 2-55　【多边形】对话框

7. 阵列曲线

使用【阵列曲线】命令可在草图环境中创建线性阵列、圆形阵列等，此功能为 NX7.5 版本后的新增功能。在【草图工具】工具栏中单击【阵列曲线】图标 按钮，系统弹出【阵列曲线】对话框，如图 2-56 所示。

用于选择
阵列对象

用于设置布局方式、
阵列方向、为阵列
数量和节距创建表
达式等

图 2-56 【阵列曲线】对话框

实例 16　阵列曲线设计

步骤 1：运行 NX12.0 软件。

步骤 2：在主菜单中选择【文件】|【打开】命令，或单击工具栏的【打开】图标 按钮，系统将弹出【打开】对话框，在此找到练习文件夹 ch2 并选择"阵列曲线"文件，再单击 OK 按钮进入 NX 建模环境。

步骤 3：在作图区双击草图曲线，系统显示草图编辑状态，并【直接草图】工具栏呈激活状态，接着在【直接草图】工具栏单击【阵列曲线】图标 按钮，系统弹出【阵列曲线】对话框，如图 2-56 所示。

❥ 在作图区框选右侧两直线为要阵列的对象，接着在【阵列曲线】对话框单击【选择线性对象】图标 按钮，然后在作图区选择图 2-57 所示的直线为阵列方向（如果方向相反则单击反向图标 按钮）。

❥ 在【数量】文本框中输入"5"，在【节距】文本框中输入"8"，其余参数按系统默认，单击 应用 按钮完成线性阵列操作，结果如图 2-58 所示。

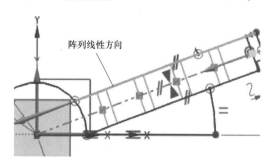

图 2-57　阵列线性方向选择

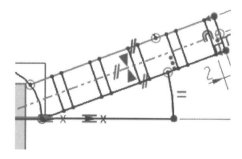

图 2-58　线性阵列结果

步骤 4：在作图区框选刚阵列的对象和其余两段直线，接着在【布局】下拉选项选择【圆形】选项，单击鼠标中键，系统跳至【旋转点】选项，然后在作图区选择圆心为旋转点。

↳在【数量】文本框中输入"4"，在【节距角】文本框中输入"45"，其余参数按系统默认，单击 确定 按钮完成圆形阵列操作，结果如图 2-59 所示。

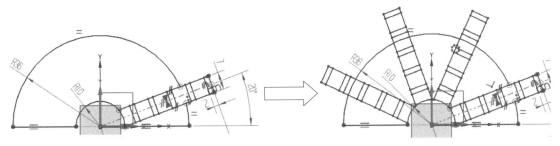

图 2-59　圆形阵列结果

8. 交点与相交曲线

使用交点在指定几何体通过草图平面的位置创建一个关联点和基准轴；使用【相交曲线】命令，可以创建一个平滑的曲线链，其中的一组相切连续面与草图平面相交。

实例 17　相交曲线创建

步骤 1：运行 NX12.0 软件。

步骤 2：在主菜单中选择【文件】|【打开】命令，或单击工具栏的【打开】图标 按钮，系统将弹出【打开】对话框，在此找到练习文件夹 ch2 并选择"相交曲线"文件，再单击 OK 按钮进入 NX 建模环境。

步骤 3：在【直接草图】工具栏中单击【草图】图标 按钮，接着在作图区选择 X-Z 平面为草图平面，单击 确定 按钮激活草图工具。

↳在【直接草图】工具栏中单击【相交曲线】图标 按钮，系统弹出【相交曲线】对话框，如图 2-60 所示。接着在作图区选择片体为要相交的面，其余参数按系统默认，单击 确定 按钮完成相交曲线创建，结果如图 2-61 所示。

图 2-60　【相交曲线】对话框

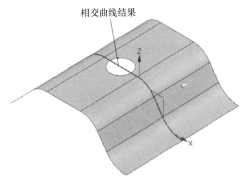

图 2-61　相交曲线结果

9. 快速修剪与快速延伸

使用【快速修剪】命令可以将曲线修剪到任一方向上最近的实际交点或虚拟交点；使用【快速延伸】命令可以将曲线延伸到它与另一条曲线的实际交点或虚拟交点处。

10. 现有曲线

使用【现有曲线】命令可将现有曲线和点，以及椭圆、抛物线和双曲线等二次曲线添加到活动草图中。在使用时要注意以下几点：

- 曲线和点必须与草图共面。
- NX 不会对添加的曲线或几何体之间的封闭间隙应用约束。
- 此功能不能将"展开"或"关联"曲线添加到草图中，如要使用这些曲线，则改用【投影曲线】命令。

11. 制作拐角

用【制作拐角】命令，可通过将两条输入曲线延伸或修剪到一个公共交点来创建拐角，如果创建【自动判断约束】选项已开启，则在交点处创建一个重合约束。【制作拐角】适用于直线、圆弧、开放式二次曲线和开放式样条曲线（仅限修剪）。

在延伸圆弧或二次曲线时可能会与其他曲线生成多个交点，请确保仔细选择目标几何体。例如，在给出了一条竖直线和一段圆弧时，则会出现如下情况，如图 2-62 所示。

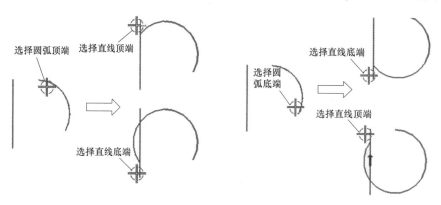

图 2-62　选择不同修剪方向的结果

2.4.3　草图工具之约束工具

在草图环境中，草图工具提供了两种约束方法，一种是尺寸约束，一种是几何约束。使用【几何约束】命令，向草图几何体中添加几何约束，这些约束指定并维持草图几何图形的条件。使用【尺寸约束】命令，是向草图几何体中添加尺寸，约束工具栏如图 2-63 所示。

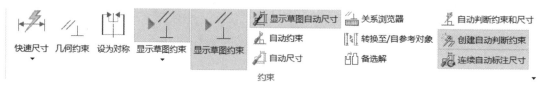

图 2-63　草图工具之约束工具

1. 快速尺寸

使用【快速尺寸】命令可向草图轻松添加尺寸，同时 NX 根据所选的几何图形及选择的位置自动判断合适的约束。在【草图工具】工具栏中单击【快速尺寸】图标 按钮，系统弹出【快速尺寸】对话框，如图 2-64 所示。

2. 几何约束

使用【几何约束】命令，可向草图几何体中添加几何约束。约束可以将直线定义为水平或竖直、确保多条直线保持相互平行、要求多个圆弧有相同的半径和在空间中定位草图或相对于外部对象定位草图等。在【草图工具】工具栏中单击【约束】图标 按钮，系统弹出【几何约束】对话框，如图 2-65 所示。

图 2-64 【快速尺寸】对话框

图 2-65 【几何约束】对话框

3. 设为对称

使用【设为对称】命令可在草图中约束两个点或曲线相对于中心线对称，如图 2-66 所示。

4. 显示草图约束

使用【显示草图约束】命令可以显示对草图施加的所有几何约束，如图 2-67 所示。

5. 自动约束

使用【自动约束】命令可以选择 NX 自动应用到草图的几何约束的类型，如果该几何体是从其他 CAD 系统导入时，利用自动约束命令将特别有用。

6. 自动标注尺寸

使用【自动标注尺寸】命令可在所选曲线和点上根据一组规则创建尺寸标注，在建模中，使用此命令可通过移除所选曲线的所有自由度来创建完全约束的草图。

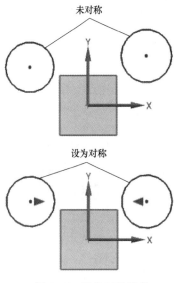

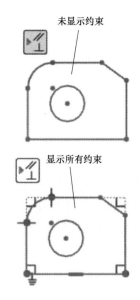

图 2-66 设为对称结果

图 2-67 显示所有约束结果

7. 关系浏览器

使用【关系浏览器】命令，可显示与草图几何图形关联的几何约束，使用关系浏览器可：

→ 移除指定的几何约束。

→ 列出所有几何约束的信息。

→ 查询并解决"约束过多"或冲突的情况。

→ 检查与外部特征或对象的现有关系，以保持设计意图。

在【草图工具】工具栏中单击【关系浏览器】图标 按钮，系统弹出【草图关系浏览器】对话框，如图 2-68 所示。

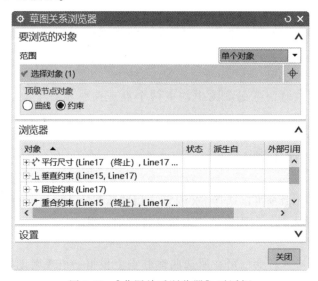

图 2-68 【草图关系浏览器】对话框

8. 备选解

使用【备选解】命令可针对尺寸约束和几何约束显示备选解，并选择一个结果。

9. 创建自动判断约束

使用【创建自动判断约束】命令，在曲线构造过程中激活【自动判断约束】，默认情况下，该选项为开启状态。

实例 18　凸轮草图设计

利用草图功能，完成图 2-69 所示的凸轮绘制。

步骤 1：运行 NX12.0 软件。

步骤 2：在主菜单中选择【文件】|【新建】命令或单击工具栏的【新建】图标 按钮，系统将弹出【新建】对话框，在此不做任何更改，单击 确定 按钮进入 NX 建模环境。

步骤 3：在【直接草图】工具栏中单击【圆】图标 ○ 按钮，系统弹出【圆】对话框，如图 2-70 所示，接着在作图区绘制如图 2-71 所示图例及标注尺寸。

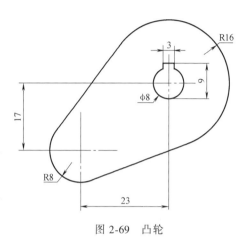

图 2-69　凸轮

　↳ 在【直接草图】工具栏中单击【直线】图标 按钮，系统弹出【直线】对话框，如图 2-72 所示，接着在作图区绘制如图 2-73 所示图例。

　↳ 在【直接草图】工具栏中单击【快速修剪】图标 按钮，系统弹出【快速修剪】对话框，如图 2-74 所示，修剪结果如图 2-75 所示。

　↳ 利用【直线】命令绘制如图 2-76 所示图例。

　↳ 在【直接草图】工具栏中单击【镜像曲线】图标 按钮，系统弹出【镜像曲线】对话框，如图 2-77 所示，然后在作图区选择 Y 轴作为镜像中心线，选择图 2-76 中创建的直线段作为镜像曲线，单击 确定 按钮完成镜像曲线操作，结果如图 2-78 所示。

图 2-70　【圆】对话框

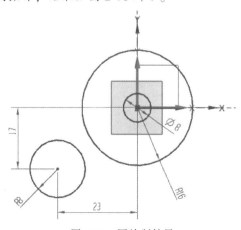

图 2-71　圆绘制结果

图 2-72 【直线】对话框

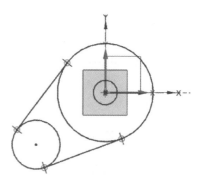

图 2-73   直线绘制结果

图 2-74 【快速修剪】对话框

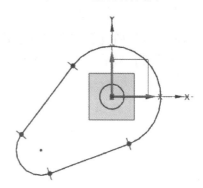

图 2-75   修剪结果

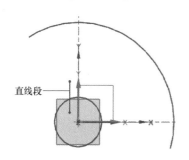

图 2-76   直线创建结果

图 2-77 【镜像曲线】对话框

↳ 利用【直线】命令连接两直线端点，接着用【快速修剪】命令修剪多余直线段，并标上尺寸值，结果如图 2-79 所示，最后单击【完成】图标 按钮完成凸轮【直接草图】。

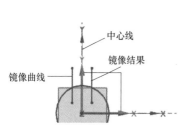

图 2-78   镜像曲线结果

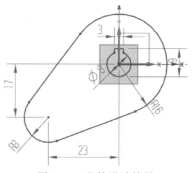

图 2-79   凸轮设计结果

技巧提示：1. 进入草图环境有多种方法，除了利用【直接草图】外，还可以在主菜单中选择【在任务环境中绘制草图】进入草图环境等。2. 一般情况草图默认的草绘平面为俯视图，所以在没有特别指明草绘平面时，则可以直接单击 确定 按钮进入草图平面。3. 本例中出现过的对话框，将在往后章节不出现。

实例 19　起重钩草图设计

利用草图工具命令，完成图 2-80 所示的起重钩绘制。

步骤 1：运行 NX12.0 软件。

步骤 2：在主菜单中选择【文件】|【新建】命令或单击工具栏的【新建】图标□按钮，系统将弹出【新建】对话框，在此不做任何更改，单击 确定 按钮进入 NX 建模环境。

步骤 3：在主菜单工具栏中选择【插入】|【在任务环境中绘制草图】命令，系统弹出【在任务环境中绘制草图】对话框，在此不做任何更改，单击 确定 按钮进入草图环境或在【直接草图】工具栏中单击【直线】图标╱按钮，系统弹出【直线】对话框，接着在作图区绘制直线并做约束直线 1 与 X 轴、约束直线段 2 与 Y 轴重合，结果如图 2-81 所示。

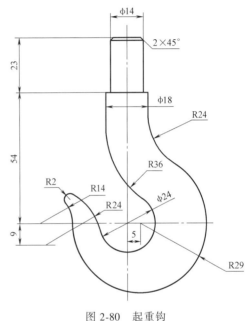

图 2-80　起重钩

↘ 在【直接草图】工具栏中单击【转换至/自参考对象】图标┇┇按钮，系统弹出【转换至/自参考对象】对话框，如图 2-82 所示；然后选择直线段 1 和直线段 2 作为参考线段，结果如图 2-83 所示。

↘ 在【直接草图】工具栏中单击【圆】图标○按钮，系统弹出【圆】对话框，如图 2-84 所示，接着在作图区绘制如图 2-85 所示图例及尺寸标注。

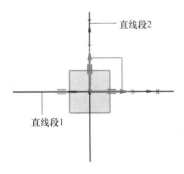

图 2-81　直线创建结果

图 2-82　【转换至/自参考对象】对话框

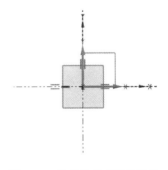

图 2-83　约束及参考对象结果

图 2-84 【圆】对话框

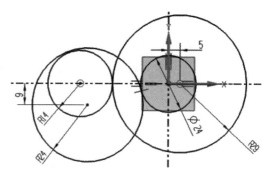

图 2-85 圆绘制结果

↘ 在【直接草图】工具栏中单击【圆角】图标 按钮，系统弹出【圆角】对话框，如图 2-86 所示，接着在作图区选择圆弧 R14 与圆弧 R24 做圆角 R2，结果如图 2-87 所示。

↘ 在【直接草图】工具栏中单击【快速修剪】图标 按钮，系统弹出【快速修剪】对话框，接着在作图区修剪圆弧段，结果如图 2-88 所示。

图 2-86 【圆角】对话框

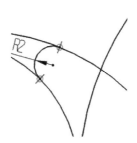

图 2-87 圆角 R2

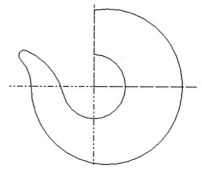

图 2-88 快速修剪结果

↘ 在【直接草图】工具栏中单击【轮廓】图标 按钮，系统弹出【轮廓】对话框，如图 2-89 所示，接着在作图区绘制如图 2-90 所示图例及标注尺寸值。

↘ 在【直接草图】工具栏中单击【圆角】图标 按钮，系统弹出【圆角】对话框，接着在作图区做出圆角 R36 和圆角 R24，结果如图 2-91 所示。

图 2-89 【轮廓】对话框

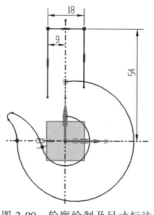

图 2-90 轮廓绘制及尺寸标注

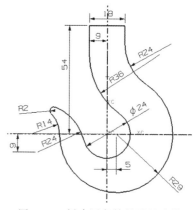

图 2-91 创建圆角结果及尺寸值

步骤 4：起重钩手柄创建。

➘ 在【直接草图】工具栏中单击【轮廓】图标 按钮，系统弹出【轮廓】对话框，接着在作图区绘制如图 2-92 所示图例及标注尺寸值，在【直接草图】工具栏中单击完成图标 按钮完成起重钩草图绘制，结果如图 2-93 所示。

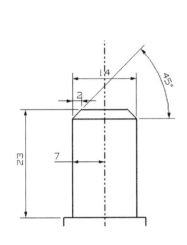

图 2-92　手柄草图设计结果

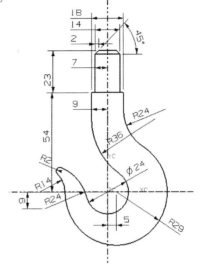

图 2-93　起重钩草图结果

实例 20　拉手草图设计

利用草图工具命令，完成图 2-94 所示的拉手草图绘制。

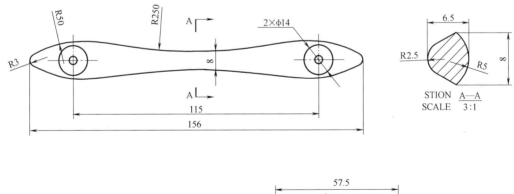

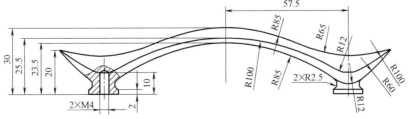

图 2-94　拉手

步骤 1：运行 NX12.0 软件。

步骤 2：在主菜单中选择【文件】|【新建】命令或在工具栏单击【新建】图标 按钮，系统将弹出【新建】对话框，在此不做任何更改，单击 确定 按钮进入 NX 建模环境。

步骤 3：俯视图草图创建

在【直接草图】工具栏中单击【圆弧】图标 按钮，系统弹出【圆弧】对话框，如图 2-95 所示，接着在作图区绘制如图 2-96 所示图例及尺寸标注。

图 2-95 【圆弧】对话框

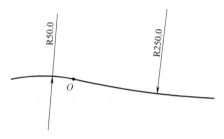

图 2-96 圆弧绘制结果

➲ 在【直接草图】工具栏中单击【约束】图标 按钮，系统弹出【几何约束】对话框，如图 2-97 所示。在【约束】选项中单击 按钮，接着在作图区约束 R250 的圆弧圆心及端点在 Y 轴上，结果如图 2-98 所示。

➲ 在【直接草图】工具栏中单击【镜像曲线】图标 按钮，系统弹出【镜像曲线】对话框，然后在作图区选择 Y 轴作为镜像中心线，选择图 2-98 中创建的圆弧段作为镜像曲线，单击 < 确定 > 按钮完成镜像曲线操作，结果如图 2-99 所示。

➲ 利用上述操作步骤，并利用【尺寸约束】和【几何约束】完成俯视图草图的创建，结果如图 2-100 所示。

图 2-97 【几何约束】对话框

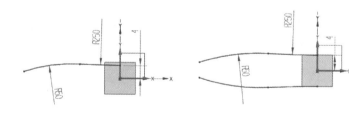

图 2-98 约束结果

图 2-99 镜像曲线结果

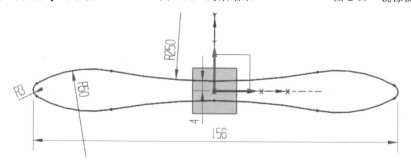

图 2-100 拉手俯视图草图创建结果

> **技巧提示**：1. 当用户选择 R250 圆弧段作为约束时，则可以先选择基准轴后选择圆弧，这样可以更精确选择圆弧端点和圆心点。2. 当作图时出现很多约束时，可以按住 Alt 键来避免多余约束。

步骤 4：前视图草图 1 创建。

在【直接草图】工具栏中单击【草图】图标 按钮，系统弹出【创建草图】对话框，如图 2-101 所示，接着在作图区选择 XZ 平面为草图平面，其余参数按系统默认，单击 <确定> 按钮进入草图界面。

↳ 在【直接草图】工具栏中单击【圆弧】图标 按钮，系统弹出【圆弧】对话框，接着在作图区绘制如图 2-102 所示图例及尺寸标注。

↳ 在【直接草图】工具栏中单击【镜像曲线】图标 按钮，系统弹出【镜像曲线】对话框，然后在作图区选择 Y 轴作为镜像中心线，选择图 2-102 中创建的圆弧段作为镜像曲线，单击 <确定> 按钮完成镜像曲线操作，结果如图 2-103 所示。

↳ 利用上述操作步骤，并利用【尺寸约束】和【几何约束】完成前视图草图 1 的创建，在【直接草图】工具栏中单击完成图标 按钮完成草图绘制，结果如图 2-104 所示。

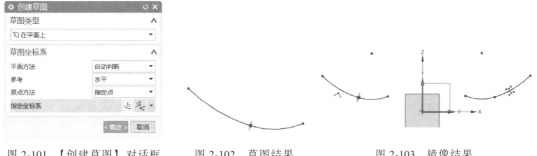

图 2-101　【创建草图】对话框　　　图 2-102　草图结果　　　图 2-103　镜像结果

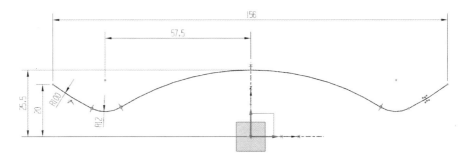

图 2-104　前视图草图 1 结果

步骤 5：创建组合投影曲线。

在主菜单中选择【插入】|【派生曲线】|【组合投影】命令，或在【派生曲线】工具栏中单击【组合投影】图标 按钮，系统弹出【组合投影】对话框，如图 2-105 所示。

↘ 在作图区选择图 2-100 所示的草图对象为要投影的第一曲线链，单击鼠标中键，系统跳至【曲线 2】卷展栏，接着在作图区选择图 2-104 所示的草图对象为要投影的第二曲线链，其余参数按系统默认，单击 确定 按钮完成组合投影曲线创建，结果如图 2-106 所示。

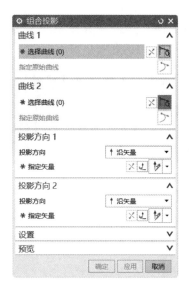

图 2-105　【组合投影】对话框

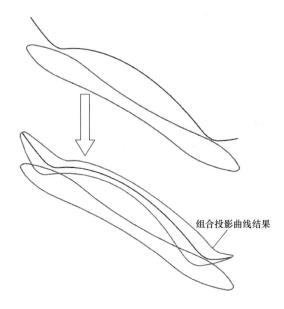

图 2-106　组合投影曲线创建结果

步骤 6：前视图草图 2 创建。

在【直接草图】工具栏中单击【草图】图标按钮，系统弹出【创建草图】对话框，接着在作图区选择 XZ 平面为草图平面，其余参数按系统默认，单击 <确定> 按钮进入草图界面。

↘ 在【直接草图】工具栏中单击【圆弧】图标按钮，系统弹出【圆弧】对话框，接着在作图区绘制如图 2-107 所示图例及尺寸标注，在【直接草图】工具栏中单击完成图标按钮完成前视图草图 2 绘制。

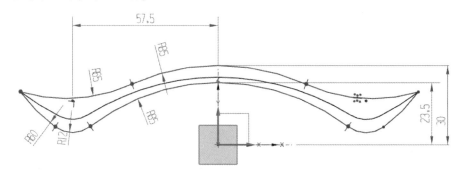

图 2-107　前视图草图 2 结果

步骤 7：左视图草图创建。

在【直接草图】工具栏中单击【草图】图标 按钮，系统弹出【创建草图】对话框，接着在作图区选择 YZ 平面为草图平面，其余参数按系统默认，单击 < 确定 > 按钮进入草图界面。

➥ 利用草图的直线、圆弧、交点等功能完成草图绘制，在【直接草图】工具栏中单击完成图标 按钮完成左视图草图绘制，结果如图 2-108 所示，最终拉手草图结果如图 2-109 所示。

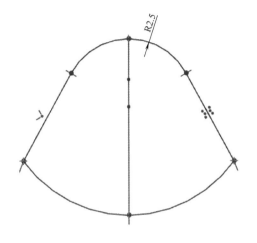

图 2-108　左视图草图结果

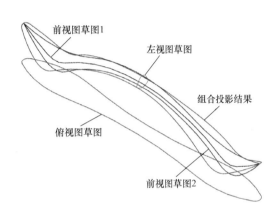

图 2-109　拉手草图创建结果

拓展练习

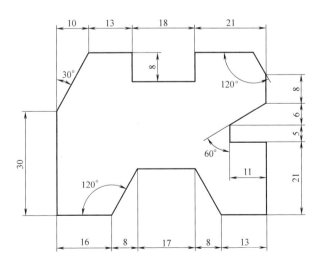

图 2-110　练习 2-1

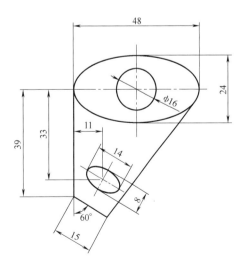

图 2-111　练习 2-2

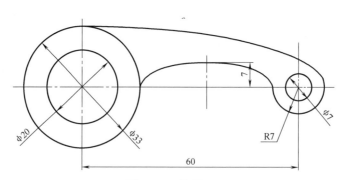

图 2-112　练习 2-3

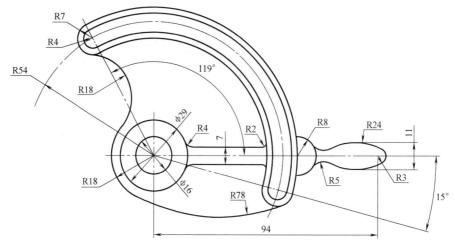

图 2-113　练习 2-4

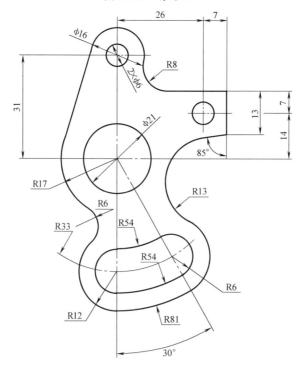

图 2-114　练习 2-5

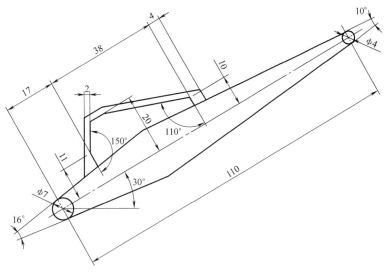

图 2-115　练习 2-6

第3章 建模基础与案例剖析

本章主要知识点：

- 实体建模功能应用
- 曲面建模功能应用
- 同步建模功能应用

3.1 实体建模

实体建模是 NX12.0 核心模块，包括设计特征、细节设计、编辑特征等功能，具有操作简单、修改方便等特点。实体建模基于特征和约束建模技术，具有交互建立和编辑复杂实体的能力，可以方便地进行局部和详细地设计。

NX12.0 仍然继承以往版本的线、面、体造型特点，能够方便快捷地创建实体模型。通过拉伸、旋转、扫掠、布尔运算、参数设计等建模工具，可以精确快速地创建任何形状的几何图形。

3.1.1 拉伸

使用【拉伸】命令可创建实体或片体，创建方法是选择曲线、边、面、草图或曲线特征的一部分并将它们延伸一段线性距离。用户可以：

- 通过拖动距离手柄或指定距离值来调整拉伸特征的大小。
- 使用现有体对拉伸特征合并、求差或求交。
- 使用单个拉伸特征产生多个片体或实体。
- 使用面、基准平面或实体来修剪拉伸特征。
- 对拉伸特征添加拔模。
- 对拉伸特征添加偏置（从其基座截面起测量）。

在【特征】工具条中单击【拉伸】图标 按钮，系统弹出【拉伸】对话框，如图 3-1 所示。

实例 1 连接件设计

连接件图样如图 3-2 所示。

步骤 1：运行 NX12.0 软件。

步骤 2：在主菜单中选择【文件】|【打开】命令，或单击工具栏的【打开】图标 按钮，系统将弹出【打开】对话框，在此找到练习文件夹 ch3 并选择"拉伸"文件，再单击 OK 按钮进入 NX 建模环境。

步骤 3：在主菜单工具栏中选择【插入】|【设计特征】|【拉伸】命令，或在【特征】工

用于指定曲线或边的一个或多个截面以进行拉伸

用于定义拉伸截面的方向，拉伸特征及其方向是关联的

用于定义拉伸特征的起点与终点，从截面起测量

沿着开口端点延伸开放轮廓几何体以找到目标体的闭口，NX8.5版本新增功能

用于指定拉伸特征及其所接触的体之间的交互方式

用于将斜率(拔模)添加到拉伸特征的一侧或多侧

通过键入相对于截面的值或拖动偏置手柄，可以为拉伸特征指定多达两个偏置

用于为拉伸特征指定片体或实体，同时可用于设置拉伸公差

图 3-1　【拉伸】对话框

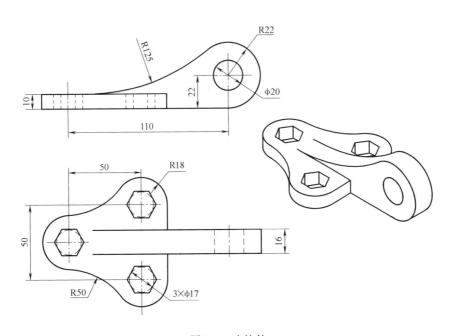

图 3-2　连接件

具条中单击【拉伸】图标⬚按钮，系统弹出【拉伸】对话框，如图 3-1 所示。

➥ 在作图区选择圆弧段以及三个正六边形作为拉伸截面线，单击【限制】下拉菜单选项，然后在结束距离文本框输入10，其余参数按系统默认，单击 应用 按钮完成拉伸操作，结果如图 3-3 所示。

➥ 单击【表区域驱动】下拉菜单选项，接着单击【绘制截面】图标 🏠 按钮，系统弹出【创建草图】对话框，然后在作图区选择 X-Z 平面作为草图平面，单击 确定 按钮进入草图环境。

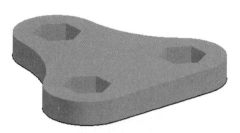

图 3-3　拉伸结果

➥ 在【草图工具】工具条中单击【投影曲线】图标 🖐️ 按钮，系统弹出【投影曲线】对话框，如图 3-4 所示，接着在作图区选择一圆弧段为投影曲线，单击 确定 按钮完成【投影曲线】操作，结果如图 3-5 所示。

➥ 在【草图工具】工具条中单击【转换至/自参考对象】图标 ╫ 按钮，系统弹出【转换至/自参考对象】对话框，如图 3-6 所示，然后在图区选择投影曲线段作为参考对象，单击 确定 按钮完成【转换至/自参考对象】操作，结果如图 3-7 所示。

➥ 在【草图工具】工具条中单击【轮廓】图标 ⌣ 按钮，系统弹出【轮廓】对话框，接着在作图区绘制如图 3-8 所示的图例及标注尺寸值和相关约束，然后在【草图组】工具条中单击完成图标 🏁 按钮，系统返回【拉伸】对话框。

➥ 单击【限制】下拉菜单选项，然后在【开始】下拉选项中选择【对称值】，在开始距离文本框输入"8"。

➥ 单击【布尔】下拉菜单选项，然后在【布尔（无）】下拉选项中选择【合并】，其余参数按系统默认，单击 < 确定 > 按钮完成拉伸操作，结果如图 3-9 所示。

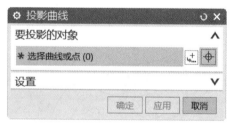

图 3-4　【投影曲线】对话框

图 3-5　投影曲线结果

图 3-6　【转换至/自参考对象】对话框

图 3-7　参考曲线操作结果

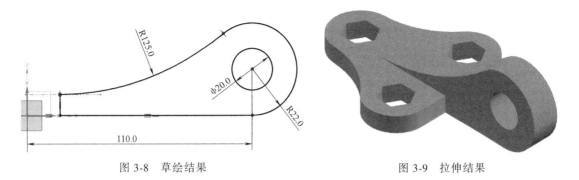

图 3-8　草绘结果　　　　　　　　　　图 3-9　拉伸结果

> **技巧提示**：1. 如果在定义拉伸的截面曲线时选择平的面，且选择意图设置为【自动判断曲线】，则草图任务环境会自动打开；如果不希望草图任务环境自动打开，则在主菜单选择【文件】|【实用工具】|【用户默认设置】|【建模】|【常规】，然后在杂项页面上，将【在平面上自动绘草图】复选框勾去除。2. 向截面线串添加对象则可以直接在工作环境进行选择，如果从截面线串移除对象则可按住键盘上的 Shift 键，然后再用左键选择要移除的对象。3. 在【拉伸】对话框中有【开放轮廓智能体积】选项，如果勾选这选项表示沿着开口端点延伸开放轮廓几何体以找到目标体的闭口。

3.1.2　旋转

使用【旋转】命令，可通过绕轴旋转截面曲线来创建圆柱、圆台、圆等特征。

如果旋转截面选择关联的曲线、面或片体，则在对原始截面进行更改时，旋转特征会自动更新，同时旋转可以包含多个片体和实体。如果选定曲线所在的平面作为零度，输入的起始角大于终止角时，会导致系统按负方向旋转。在【特征】工具条中单击【旋转】图标按钮，系统弹出【旋转】对话框，如图 3-10 所示。

实例 2　凸台设计

凸台尺寸如图 3-11 所示。

步骤 1：运行 NX12.0 软件。

步骤 2：在主菜单中选择【文件】|【新建】命令或在工具栏单击【新建】图标按钮，系统将弹出【新建】对话框，在此不做任何更改，单击 确定 按钮进入建模环境。

步骤 3：在主菜单工具栏中选择【插入】|【设计特征】|【旋转】或在【特征】工具条中单击【旋转】图标按钮，系统弹出【旋转】对话框，如图 3-10 所示。

↘单击【表区域驱动】下拉菜单选项，接着单击【绘制截面】图标按钮，系统弹出【创建草图】对话框，然后在作图区选择 X-Z 平面作为草图平面，单击 确定 按钮进入草图环境。

↘在草图环境中，利用草图工具完成如图 3-12 所示的图例及标注尺寸值和相关约束，然后在【草图组】工具条中单击按钮，系统返回【旋转】对话框。

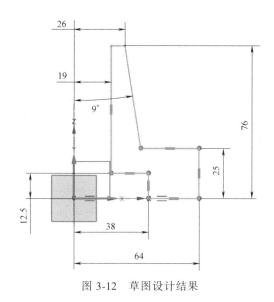

图 3-12　草图设计结果

图 3-13　凸台设计结果

3.1.3　孔

使用孔命令可在部件或装配中添加以下类型的孔特征：

- 常规孔（简单、沉头、埋头或锥形）。
- 钻形孔和螺钉间隙孔（简单、沉头或埋头形状）。
- 螺纹孔和非平面上的孔。
- 穿过多个实体的孔（作为单个特征）。
- 作为单个特征的多个孔。

在【特征】工具条中单击【孔】图标按钮，系统弹出【孔】对话框，如图 3-14 所示。

图 3-14　【孔】对话框

实例3 孔特征创建

步骤1：运行NX12.0软件。

步骤2：在主菜单中选择【文件】|【打开】命令，或单击工具栏的【打开】图标 按钮，系统将弹出【打开】对话框，在此找到练习文件夹ch3并选择"孔"文件，再单击 OK 按钮进入NX建模环境。

步骤3：在主菜单工具栏中选择【插入】|【设计特征】|【孔】命令，或在【特征】工具条中单击【孔】图标 按钮，系统弹出【孔】对话框，如图3-14所示。

↘ 在【位置】选项中单击【绘制截面】图标 按钮，系统弹出【创建草图】对话框，接着在作图区选择实体顶面为草图面，单击 确定 按钮进入草图环境。

↘ 在草图环境创建一个与原点重合的点，然后在【草图组】工具栏中单击 按钮，系统返回【孔】对话框。

↘ 在【直径】文本框中输入"16"，在【深度】文框中输入"11"，在【顶锥角】文本框中输入"0"，其余参数按系统默认，单击 应用 按钮完成简单孔创建，结果如图3-15所示。

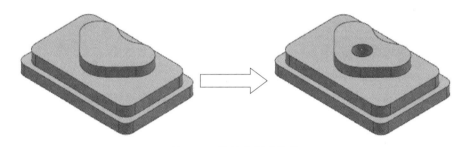

图3-15 简单孔创建结果

步骤4：创建沉头孔。

在【位置】选项中单击【绘制截面】图标 按钮，系统弹出【创建草图】对话框，在此不做任何更改，单击 确定 按钮进入草图环境，同时在草图环境创建4个点，如图3-16所示。在【草图组】工具栏中单击 按钮，系统返回【孔】对话框。

↘ 在【成形】下拉选项选择 沉头 选项，在【沉头直径】文本框中输入"14"，在【沉头深度】文框中输入"4"，在【直径】文本框中输入"10"，在【深度限制】下拉选项选择 贯通体 选项，其余参数按系统默认，单击 确定 按钮完成沉头孔创建，结果如图3-17所示。

3.1.4 凸起

【凸起】命令用沿着矢量投影截面形成的面修改体，可以选择端盖位置和形状。要创建凸起，必须满足：指定一个封闭的截面、指定要凸起的面和指定凸起方向（或接受默认值，即垂直于截面）三项。在【特征】工具条中单击【凸起】图标 按钮，系统弹出【凸起】对话框，如图 3-18 所示。

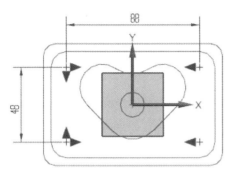

图 3-16　点创建结果

图 3-17　沉头孔创建结果

图 3-18　【凸起】对话框

实例 4　凸起特征创建

步骤 1：运行 NX12.0 软件。

步骤 2：在主菜单中选择【文件】|【打开】命令，或单击工具栏的【打开】图标 按钮，系统将弹出【打开】对话框，在此找到练习文件夹 ch3 并选择"凸起"文件，再单击 OK 按钮进入 NX 建模环境。

步骤 3：在主菜单工具栏中选择【插入】|【设计特征】|【凸起】命令，或在【特征】工具条中单击【凸起】图标 按钮，系统弹出【凸起】对话框。

↘ 在选项中单击【表区域驱动】图标 按钮，系统弹出【创建草图】对话框，接着在作图区选择实体顶面为草图面，单击 确定 按钮进入草图环境。

↘ 在作图区选择矩形为截面，单击鼠标中键系统跳至【要凸起的面】选项，接着在作图区选择曲面为要凸起的面，其余参数按系统默认，单击 确定 按钮完成凸起创建，结果如图 3-19 所示。

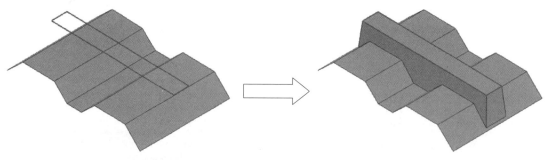

图 3-19　凸起创建结果

3.1.5　螺纹

使用【螺纹】命令在圆柱面上创建符号螺纹或详细螺纹。符号螺纹可捕捉外部螺纹表中的信息，并且可被下游应用模块（例如制图）识别，符号螺纹在螺纹长度的起点和终点处采用虚线圆圈表示，如图 3-20 所示。详细螺纹的渲染非常真实，如图 3-21 所示，但不会捕捉标注信息，并且不能被下游应用模块识别。在【特征】工具条中单击【螺纹】图标按钮，系统弹出【螺纹切削】对话框，如图 3-22 所示。

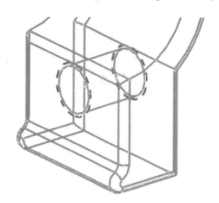

图 3-20　符号螺纹创建结果

图 3-21　详细螺纹创建结果

实例 5　螺纹特征创建

步骤 1：运行 NX12.0 软件。

步骤 2：在主菜单中选择【文件】|【打开】命令，或单击工具栏的图标按钮，系统将弹出【打开】对话框，在此找到练习文件夹 ch3 并选择"螺纹"文件，再单击 OK 按钮进入 NX 建模环境。

步骤 3：在主菜单工具栏中选择【插入】|【设计特征】|【螺纹】命令，或在【特征】工具条中单击【螺纹】图标按钮，系统弹出【螺纹切削】对话框，如图 3-22 所示。

↘ 在【螺纹】类型处选择⦿ 详细选项，接着在作图区选择圆柱面，然后在【长度】文本框中输入"15"，其余参数按系统默认，单击< 确定 >按钮完成螺纹创建，结果如图 3-23 所示。

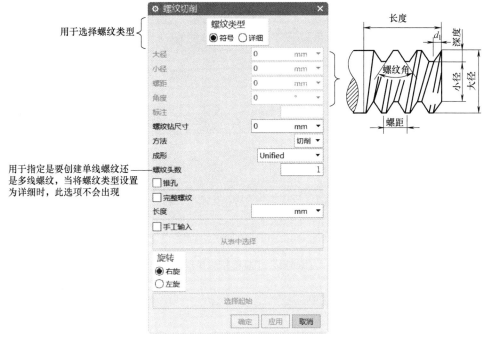

图 3-22　【螺纹切削】对话框

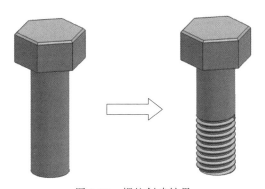

图 3-23　螺纹创建结果

3.1.6　筋板

【筋板】命令是指通过拉伸一个平的截面以与实体相交来添加薄壁筋板或网格筋板。在【特征】工具条中单击【筋板】图标 按钮，系统弹出【筋板】对话框，如图 3-24 所示。

实例 6　筋板创建

筋板零件如图 3-25 所示。

步骤 1：运行 NX12.0 软件。

步骤 2：在主菜单中选择【文件】|【打开】命令，或单击工具栏的图标 按钮，系统将弹出【打开】对话框，在此找到练习文件夹 ch3 并选择"筋板"文件，再单击 OK 按钮

图 3-24　【筋板】对话框

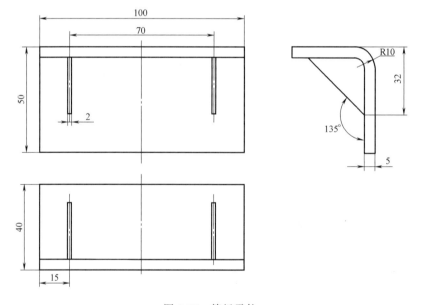

图 3-25　筋板零件

进入 NX 建模环境。

步骤 3：在主菜单工具栏中选择【插入】|【设计特征】|【筋板】命令，或在【特征】工具条中单击【筋板】图标 按钮，系统弹出【筋板】对话框，如图 3-24 所示。

↳ 在【表区域驱动】下拉菜单选项中单击【绘制截面】图标 按钮，系统弹出【创建草图】对话框，在【平面方法】下拉选项选择 新平面▼，然后在作图区选择如图 3-26 所示的对象为定义平面，接着在【距离】文本框中输入 "–15"。

↳ 在【指定矢量】选项中选择 X 轴为水平方向，接着在【原点方法】下拉选项选择 使用工作部件原点 ▼ 选项，单击 确定 按钮进入草图环境。

➡ 在草图环境中，利用草图工具完成如图 3-27 所示的图例及标注尺寸值和相关约束，然后在【草图组】工具条中单击 按钮，系统返回【筋板】对话框。

➡ 在【壁】选项中选择 ⦿ 平行于剖切平面 选项，在【尺寸】下拉选项选择 ＋对称 ▾ 选项，在【厚度】文本框中输入 "2"，其余参数按系统默认，单击 < 确定 > 按钮完成筋板创建，结果如图 3-28 所示。

➡ 利用相同的方法，完成另一侧的筋板创建，结果如图 3-29 所示。

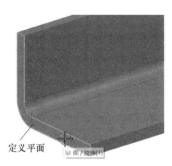

定义平面

图 3-26 平面选择结果

图 3-27 草图绘制结果

筋板

图 3-28 筋板创建结果（一）

3.1.7 抽取几何体

使用【抽取几何体】命令可通过从现有对象中抽取来创建关联或非关联体、点、曲线或基准。抽取几何体可抽取的对象有复合曲线、点、基准、面和体等，在不同的类型中，抽取几何体中的对话框选项也各不相同。在主菜单工具栏中选择【插入】|【关联复制】|【抽取几何特征】命令，或在【特征】工具条中单击【抽取几何特征】图标 按钮，系统弹出【抽取几何特征】对话框，如图 3-30 所示。

图 3-29 筋板创建结果（二）

图 3-30 【抽取几何特征】对话框

实例7 抽取几何体特征创建

步骤 1：运行 NX12.0 软件。

步骤 2：在主菜单中选择【文件】|【打开】命令，或单击工具栏的【打开】图标 按钮，系统将弹出【打开】对话框，在此找到练习文件夹 ch3 并选择"抽取几何体".prt 文件，再单击 OK 按钮进入 NX 建模环境。

步骤 3：在主菜单工具栏中选择【插入】|【关联复制】|【抽取几何特征】命令，或在【特征】工具条中单击【抽取几何特征】图标 按钮，系统弹出【抽取几何特征】对话框，如图 3-30 所示。

➘ 在作图区选择图 3-31 所示的边为要复制的线，其余参数按系统默认，单击 应用 按钮完成复合曲线的创建，结果如图 3-32 所示。

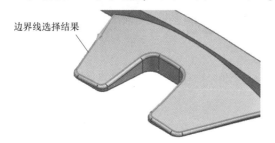

图 3-31　边界线选择结果

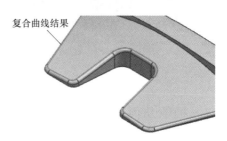

图 3-32　复合曲线创建结果

步骤 4：在【类型】下拉选项选择 面区域 选项，接着在作图区选择产品外表面任意一个表面为种子面，然后在【选择条】工具栏中单击【常规选择过滤器】图标 按钮，接着单击 颜色过滤器 按钮，系统弹出【颜色】对话框，如图 3-33 所示。

➘ 在【选定的颜色】选项中单击从【对象继承】图标 按钮，接着在作图区选择产品背面的颜色为继承对象，其余按系统参数默认，单击 确定 按钮返回【抽取几何特征】对话框，然后在作图区框选产品对象，在此无任何更改，单击 <确定> 按钮完成面区域抽取操作，结果如图 3-34 所示。

图 3-33　【颜色】对话框

图 3-34　面区域抽取创建结果

技巧提示：1. 由于抽取几何体类型比较多，限于篇幅不一一讲解；2. 面区域抽取适合用于手工分模抽取型腔面和型芯面；3. 如果抽取后的对象要与父特征进行布尔运算，则在抽取时应将☑固定于当前时间戳记选项打开。

3.1.8　阵列特征

使用【阵列特征】命令可以通过使用各种选项定义阵列边界、实例方向、旋转和变化来创建特征（线性、圆形、多边形等）阵列。在主菜单工具栏中选择【插入】|【关联复制】|【阵列特征】命令，或在【特征】工具条中单击【阵列特征】图标💠按钮，系统弹出【阵列特征】对话框，如图 3-35 所示。

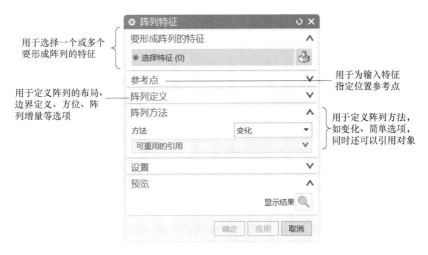

图 3-35　【阵列特征】对话框

实例 8　阵列特征创建

步骤 1：运行 NX12.0 软件。

步骤 2：在主菜单中选择【文件】|【打开】命令，或单击工具栏的【打开】图标☁按钮，系统将弹出【打开】对话框，在此找到练习文件夹 ch3 并选择"阵列特征".prt 文件，再单击 OK 按钮进入 NX 建模环境。

步骤 3：在主菜单工具栏中选择【插入】|【关联复制】|【阵列特征】命令，或在【特征】工具条中单击【阵列特征】图标💠按钮，系统弹出【阵列特征】对话框，如图 3-35 所示。

➥ 在作图区选择绿色特征为要成形的特征，单击鼠标中键，系统跳至【指定矢量】选项，然后再选择 X 轴负方向为阵列方向，在【数量】文本框中输入"5"，在【节距】文本框中输入"30"，其余参数按系统默认，单击 应用 按钮完成线性阵列操作，结果如图 3-36 所示。

步骤 4：在作图区选择所有绿色特征为要成形的特征，接着在【阵列特征】对话框中的

【阵列定义】中的【布局】下拉选项选择 <kbd>◎ 圆形 ▼</kbd> 选项。

↘ 在作图区选择 Z 轴为旋转轴，接着选择大圆圆心为指定点，在【数量】文本框中输入 "6"，在【节距角】文本框中输入 "60"；然后在【阵列增量】选项中单击【阵列增量】图标 <kbd>阵</kbd> 按钮，系统弹出【阵列增量】对话框，如图 3-37 所示。

↘ 在【参数】选项中找到 <kbd>－▣ 阵列特征 [线性] (10) / 实例[1][0]</kbd> 选项，接着双击 <kbd>Diameter</kbd> 选项，然后在【增量】文本框中输入 "2"；按此操作，完成 <kbd>Height</kbd> 选项添加，并在【增量】文本框中输入 "15"。

↘ 依照上述操作步骤，完成其余高度和直径的增量添加，增量参数分别为 15 和 2，单击 <kbd>确定</kbd> 按钮返回【阵列特征】对话框，在此不做任何更改，单击 <kbd><确定></kbd> 按钮，完成圆形阵列操作，结果如图 3-38 所示。

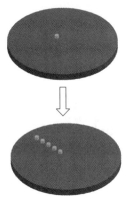
图 3-36 线性阵列结果

图 3-37 【阵列增量】对话框

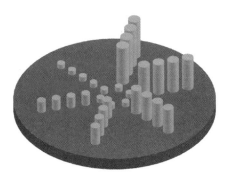
图 3-38 圆形增量阵列结果

> **技巧提示**：1. NX12.0 版本增加了很多新的选项，增强了阵列特征的应用范围；
> 2. 限于篇幅，其他阵列选项不再一一展开，具体操作可查看 NX 帮助文件。

3.1.9 阵列几何特征

使用【阵列几何特征】命令，可以将几何体复制到许多阵列或布局（线性、圆形、多边形等）中。在主菜单选择【插入】|【关联复制】|【阵列几何特征】命令，或在【特征】工具条中单击【阵列几何特征】图标 <kbd>⊞</kbd> 按钮，系统弹出【阵列几何特征】对话框，如图 3-39 所示。

图 3-39 【阵列几何特征】对话框

实例 9　阵列几何特征创建

步骤 1：运行 NX12.0 软件。

步骤 2：在主菜单中选择【文件】|【打开】命令，或单击工具栏的【打开】图标 按钮，系统将弹出【打开】对话框，在此找到练习文件夹 ch3 并选择"阵列几何特征".prt 文件，再单击 OK 按钮进入 NX 建模环境。

步骤 3：在主菜单工具栏中选择【插入】|【关联复制】|【阵列几何特征】命令，或在【特征】工具条中单击【阵列几何特征】图标 按钮，系统弹出【阵列几何特征】对话框，如图 3-39 所示。

↘ 在作图区选择环形体为要形成阵列的几何特征，接着单击【参考点】卷展栏，在【指定点】处单击【点】对话框图标 按钮，系统弹出【点】对话框，如图 3-40 所示。在【ZC】文本框中输入"5"，其他参数按系统默认，单击 确定 按钮返回【阵列几何特征】对话框。

↘ 在【布局】下拉选项中选择 螺旋 选项，接着单击【旋转轴】，然后在作图区选择 X 轴为旋转轴，同时在作图选择草图中的圆弧圆心为指定点。

↘ 在【数量】文本框中输入"5"，在【角度】文本框中输入"90"，在【距离】文本框中输入"50"，其余参数按系统默认，单击 < 确定 > 按钮完成阵列几何特征旋转操作，结果如图 3-41 所示。

图 3-40　【点】对话框

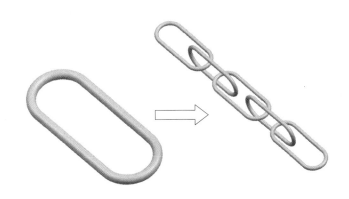

图 3-41　阵列几何特征创建结果

技巧提示：1.【阵列几何特征】命令是代替以前版本的【实例几何体】命令。同时增强了阵列几何特征对象的应用范围；2. 具体操作也可查看 NX 帮助文件。

3.1.10　缝合

【缝合】命令是把两个或两个以上的片体连接到一起，从而生成一个片体，如果缝合的对象是一个封闭的片体时，则缝合的结果为实体。但要注意，如果选择的片体大于指定公差的缝隙，则缝合的结果将是片体，而不是实体。【缝合】命令一般都是用于缝合片体对象，但有时也会用于缝合实体对象，当利用布尔运算合并不成功时，则可利用缝合功能去缝合实体。

在主菜单工具栏中选择【插入】|【组合】|【缝合】命令，或在【特征】工具条中单击【缝合】图标▮▮按钮，系统弹出【缝合】对话框，如图3-42所示。

图3-42　【缝合】对话框

实例10　片体缝合

步骤1：运行NX12.0软件。

步骤2：在主菜单中选择【文件】|【打开】命令，或单击工具栏的【打开】图标📂按钮，系统将弹出【打开】对话框，在此找到练习文件夹ch3并选择"缝合1".prt文件，再单击 OK 按钮进入NX建模环境。

步骤3：在主菜单工具栏中选择【插入】|【组合】|【缝合】命令，或在【特征】工具条中单击【缝合】图标▮▮按钮，系统弹出【缝合】对话框，如图3-42所示。

➥ 在作图区选择黑色片体为目标片体，接着在作图区框选所有绿色片体为工具片体，其余参数按系统默认，单击<确定>按钮完成片体缝合操作，缝合结果如图3-43所示。

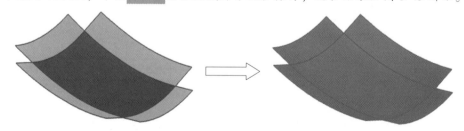

图3-43　片体缝合结果

实例11　实体缝合

步骤1：运行NX12.0软件。

步骤 2：在主菜单中选择【文件】|【打开】命令，或单击工具栏的【打开】图标按钮，系统将弹出【打开】对话框，在此找到练习文件夹 ch3 并选择"缝合 2".prt 文件，再单击 OK 按钮进入 NX 建模环境。

步骤 3：在主菜单工具栏中选择【插入】|【组合】|【缝合】命令，或在【特征】工具条中单击【缝合】图标按钮，系统弹出【缝合】对话框，如图 3-42 所示。

➥ 在类型 ▼下拉选项中选取【实体】选项，接着在作图区选择其中三个绿色面为目标面，如图 3-44 所示，然后单击鼠标中键，接着在作图区选择三个与绿色面相交的黄色面为刀具面，其余参数按系统默认，单击 <确定> 按钮完成实体缝合操作，缝合结果如图 3-45 所示。

目标实体面

图 3-44　选择目标面

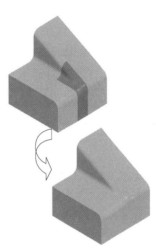

图 3-45　实体缝合结果

技巧提示：1. 缝合不成功会在相交边有多余边界线出现，此时可以调节缝合的公差值。2. 如果调大公差还不成功时，则在相交边切除不成功对象，然后利用曲面功能进行修补。

3.1.11　修剪体

使用【修剪体】命令，可以通过面或平面来修剪一个或多个目标体，可以指定要保留的体部分以及要舍弃的部分，同时目标体呈修剪几何体的形状。使用【修剪体】命令，必须至少选择一个目标体，同时可以从同一个体中选择单个面或多个面，或选择基准平面来修剪目标体；也可以定义新平面来修剪目标体。

在主菜单工具栏中选择【插入】|【修剪】|【修剪体】命令，或在【特征】工具条中单击【修剪体】图标按钮，系统弹出【修剪体】对话框，如图 3-46 所示。

实例 12　修剪体创建

步骤 1：运行 NX12.0 软件。

图 3-46 【修剪体】对话框

用于选择要修剪的一个或多个目标体

列出要使用的修剪工具的类型，如面或平面、新建平面

步骤2：在主菜单中选择【文件】|【打开】命令，或单击工具栏的【打开】图标按钮，系统将弹出【打开】对话框，在此找到练习文件夹 ch3 并选择"修剪体".prt 文件，再单击 OK 按钮进入 NX 建模环境。

步骤3：在主菜单工具栏中选择【插入】|【修剪】|【修剪体】命令，或在【特征】工具条中单击【修剪体】图标按钮，系统弹出【修剪体】对话框，3-46 所示。

➥ 在作图区选择实体为目标体，单击鼠标中键，接着在作图区选择片体面为工具体，其余参数按系统默认，单击<确定>按钮完成修剪体操作，修剪结果如图 3-47 所示。

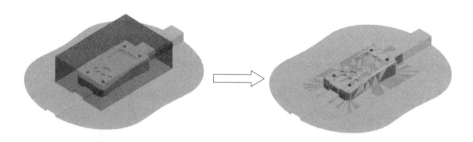

图 3-47 修剪体创建结果

3.1.12 分割面

使用【分割面】命令，可使用曲线、边、面等对象对现有的体或面分割出一个或多个面，且这些面都是关联的。在主菜单选择【插入】|【修剪】|【分割面】或在【特征】工具条中单击【分割面】图标按钮，系统弹出【分割面】对话框，如图 3-48 所示。

实例 13 分割面创建

步骤1：运行 NX12.0 软件。

步骤2：在主菜单中选择【文件】|【打开】命令，或单击工具栏的图标按钮，系统将弹出【打开】对话框，在此找到放置练习文件夹 ch3 并选择"分割面".prt 文件，再单击

用于选择一个或多个要分割的面

可以选择曲线、边缘、面或基准平面作为分割对象

用于指定一个方向，以将所选对象投影到正在分割的曲面上

图 3-48　【分割面】对话框

<u>OK</u> 按钮进入 NX 建模环境。

步骤 3：在主菜单工具栏中选择【插入】|【修剪】|【分割面】命令，或在【特征】工具条中单击【分割面】图标按钮，系统弹出【分割面】对话框，如图 3-48 所示。

↘ 在作图区选择实体表面为分割的面，单击鼠标中键，接着在作图区框选所有字体为分割对象；在【投影方向】下拉选项选择 沿矢量 选项；在【指定矢量】下拉选项选择 ZC 选项，其余参数按系统默认，单击 <确定> 按钮完成分割面操作，结果如图 3-49 所示。

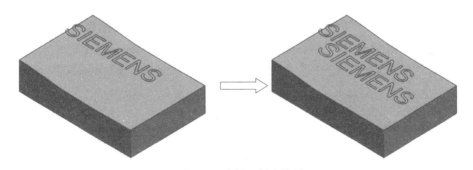

图 3-49　分割面创建结果

3.1.13　抽壳

使用【抽壳】命令可挖空实体，或通过指定壁厚来绕实体创建壳，也可以对面指定不同的厚度或移除指定面。在主菜单工具栏中选择【插入】|【偏置/缩放】|【抽壳】命令，或在【特征】工具条中单击【抽壳】图标按钮，系统弹出【抽壳】对话框，如图 3-50 所示。

实例 14　抽壳创建

步骤 1：运行 NX12.0 软件。

步骤 2：在主菜单中选择【文件】|【打开】命令，或单击工具栏的【打开】图标按

用于指定要创建的抽壳种类

用于选择要移除的面或体

为壳体设置壁厚

用于选择厚度集的面，可以对每个面指派不同厚度值

图 3-50 【抽壳】对话框

钮，系统将弹出【打开】对话框，在此找到练习文件夹 ch3 并选择"抽壳".prt 文件，再单击 OK 按钮进入 NX 建模环境。

步骤 3：在主菜单工具栏中选择【插入】|【偏置/缩放】|【抽壳】命令，或在【特征】工具条中单击【抽壳】图标 按钮，系统弹出【抽壳】对话框，如图 3-50 所示。

↪ 在作图区选择顶面为要移除的面，同时在【厚度】文本框中输入"5"，接着在【抽壳】对话框中单击备选厚度 ∨ 下拉选项，然后在作图区选择右视图表面为备选厚度的面 1，并在【厚度 1】文本框中输入"15"；其余参数按系统默认，单击 < 确定 > 按钮完成抽壳操作，结果如图 3-51 所示。

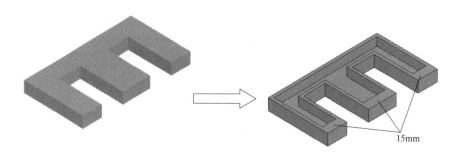

15mm

图 3-51 抽壳创建结果

技巧提示：1. 抽壳过后的对象可以再继续抽壳，但厚度必须小于上一厚度。2. 如果抽壳的对象为球体时，则应该在类型 ∨ 卷展栏选择为"对所有面抽壳"。3. 如上例，如果后视图表面抽壳厚度要为"30"，则应选取右视图表面后，接着应该在备选厚度 ∨ 卷展栏处单击图标 按钮，然后才在厚度 2 文本框中输入"30"。4. 如果抽壳不成功，则可尝试调节抽壳公差大小。

3.1.14　加厚

使用【加厚】命令可将一个或多个相连面或片体偏置为实体，加厚效果是通过选定面沿着其法向进行偏置然后创建侧壁而生成的。在主菜单工具栏中选择【插入】|【偏置/缩放】|【加厚】命令，或在【特征】工具条中单击【加厚】图标按钮，系统弹出【加厚】对话框，如图 3-52 所示。

图 3-52　【加厚】对话框

实例 15　加厚创建

步骤 1：运行 NX12.0 软件。

步骤 2：在主菜单中选择【文件】|【打开】命令，或单击工具栏的【打开】图标按钮，系统将弹出【打开】对话框，在此找到练习文件夹 ch3 并选择 "加厚".prt 文件，再单击 OK 按钮进入 NX 建模环境。

步骤 3：在主菜单工具栏中选择【插入】|【偏置/缩放】|【加厚】命令，或在【特征】工具条中单击【加厚】图标按钮，系统弹出【加厚】对话框，如图 3-52 所示。

↘ 在作图区选择片体为要加厚的面，接着在【偏置 1】文本框中输入 "2"，在【偏置 2】文本框中输入 "-0.5"，其余参数按系统默认，单击 <确定> 按钮完成加厚操作，结果如图 3-53 所示。

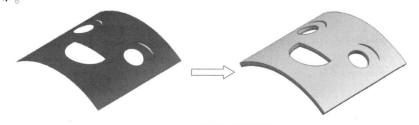

图 3-53　加厚创建结果

3.1.15　偏置面

使用【偏置面】命令可沿面的法向偏置一个或多个面，如果体的偏置方向不更改，则

可以通过输入距离的正负值来更改偏置面方向。在主菜单工具栏中选择【插入】|【偏置/缩放】|【偏置面】命令，或在【特征】工具条中单击【偏置面】图标按钮，系统弹出【偏置面】对话框，如图3-54所示。

实例16   偏置面创建

步骤1：运行NX12.0软件。

步骤2：在主菜单中选择【文件】|【打开】命令，或单击工具栏的【打开】图标 按钮，系统将弹出【打开】对话框，在此找到练习文件夹ch3并选择"偏置面".prt文件，再单击 OK 按钮进入NX建模环境。

图3-54   【偏置面】对话框

步骤3：在主菜单工具栏中选择【插入】|【偏置/缩放】|【偏置面】命令，或在【特征】工具条中单击【偏置面】图标 按钮，系统弹出【偏置面】对话框，如图3-54所示。

↘ 在作图区选择实体表面为要偏置的面，接着在【偏置】文本框中输入"5"，其余参数按系统默认，单击 确定 按钮完成偏置面操作，结果如图3-55所示。

3.1.16   边倒圆

使用【边倒圆】命令可通过对选定的边进行倒圆来修改一个实体或片体（要缝合后）。使用【边倒圆】可以完成以下操作：

↘ 将单个边倒圆特征添加到多条边，可创建具有恒定或可变半径的边倒圆。

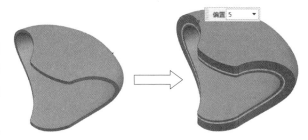

图3-55   偏置面创建结果

↘ 添加拐角回切点以更改边倒圆拐角的形状，调整拐角回切点到拐角顶点的距离。

↘ 添加突然停止点以终止缺乏特定点的边倒圆。

在主菜单工具栏中选择【插入】|【细节特征】|【边倒圆】命令，或在【特征】工具条中单击【边倒圆】图标 按钮，系统弹出【边倒圆】对话框，如图3-56所示。

实例17   边倒圆创建

步骤1：运行NX12.0软件。

步骤2：在主菜单中选择【文件】|【打开】命令，或单击工具栏的【打开】图标 按钮，系统将弹出【打开】对话框，在此找到练习文件夹ch3并选择"边倒圆".prt文件，再单击 OK 按钮进入NX建模环境。

步骤3：在主菜单工具栏中选择【插入】|【细节特征】|【边倒圆】命令，或在【特征】工具条中单击【边倒圆】图标 按钮，系统弹出【边倒圆】对话框，如图3-56所示。

用于为边倒圆集选择边、倒圆形状等

用于在边集中选择拐角终点，并在每条边上显示拖动手柄

限制倒圆边界的长度范围

通过向边倒圆添加具有不重复半径值的点来创建可变半径圆角

使某点处的边倒圆在边的末端突然停止

控制如何处理倒圆溢出

图 3-56 【边倒圆】对话框

↘ 在作图区选取橙红色边边界为倒圆边界，在【半径 1】文本框中输入"3"，单击 应用 按钮完成恒定边倒圆操作，结果如图 3-57 所示。

↘ 在【边倒圆】对话框中单击变半径 ∨ 下拉选项，接着在作图区选择企鹅的翅膀作为倒圆边界，再接着在作图区选取 1 存在点为可变半径点，然后在【V 半径 1】文本框中输入"3"；按同样的方法选取其余 2 存在点为可变半径点，然后在【V 半径 2】

倒圆边界

图 3-57 恒定边倒圆创建结果

文本框中输入"1.5"，最后单击 <确定> 按钮完成可变半径操作，结果如图 3-58 所示。

倒圆边界

图 3-58 可变半径边倒圆创建结果

技巧提示：1. 边倒圆只适合于实体倒圆或片体缝合后的倒圆，对两个分离体不采用边倒圆；2. 边倒圆除了以上两倒圆之外，还有拐角倒圆和突然后面停止倒圆，其中拐角倒圆要选取三段边界以上才可以进行；3. 可变半径点倒圆是产品设计比较常用的一种，请读者多找实例自行练习。

3.1.17 面倒圆

使用【面倒圆】命令可在两组或三组面之间添加相切圆角面，倒圆的横截面可以是圆形也可是二次曲线或者受规律控制的形状。【面倒圆】命令可以执行以下操作：

▶ 对于三面倒圆，可以使用多种方法指定倒圆横截面；对于两面倒圆，可以选择曲线以控制倒圆的相切线。

▶ 在不相邻或出自不同体的两个面之间创建倒圆，将倒圆作为单独的片体进行创建，而不将它们缝合到现有的体上。

▶ 创建形状美观平衡的对称和非对称二次曲线倒圆。

▶ 将倒圆的端部修剪至选定的面或位置。

在主菜单工具栏中选择【插入】|【细节特征】|【面倒圆】命令，或在【特征】工具条中单击【面倒圆】图标 按钮，系统弹出【面倒圆】对话框，如图3-59所示。

图3-59 【面倒圆】对话框

实例18 面倒圆创建

步骤1：运行NX12.0软件。

步骤2：在主菜单中选择【文件】|【打开】命令，或单击工具栏的图标 按钮，系统将弹出【打开】对话框，在此找到练习文件夹ch3并选择"面倒圆".prt文件，再单击 OK 按钮进入NX建模环境。

步骤3：在主菜单工具栏中选择【插入】|【细节特征】|【面倒圆】命令，或在【特征】

工具条中单击【面倒圆】图标<u> </u>按钮，系统弹出【面倒圆】对话框，如图 3-59 所示。

　　↘ 在【类型】下拉选项选择<u> </u>三面 ▾选项，在作图区选择绿色面为第一面链，单击鼠标中键，接着选择红色面为第二面链，单击鼠标中键，然后选择青绿色为中间的面，其余参数按系统默认，单击< 确定 >按钮完成面倒圆操作，结果如图 3-60 所示。

　　↘ 利用相同的方法，完成前后筋位面倒圆创建，结果如图 3-61 所示。

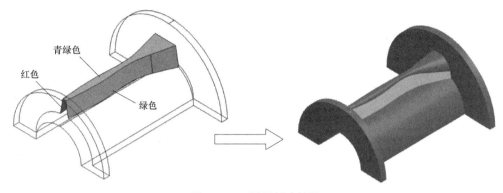

图 3-60　面倒圆创建结果

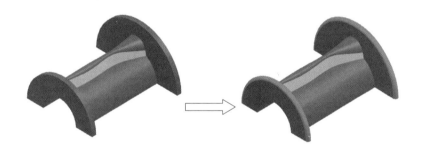

图 3-61　面倒圆最终创建结果

3.1.18　倒斜角

　　使用【倒斜角】命令可创建一个或多个体斜接的边，通过指定一个对称偏置距离、两个偏置距离或一个偏置距离和一个角度来定义倒斜角的横截面。在主菜单工具栏中选择【插入】|【细节特征】|【倒斜角】命令，或在【特征】工具条中单击【倒斜角】图标<u> </u>按钮，系统弹出【倒斜角】对话框，如图 3-62 所示。

实例 19　倒斜角创建

　　步骤 1：运行 NX12.0 软件。

　　步骤 2：在主菜单中选择【文件】|【打开】命令，或单击工具栏的【打开】图标<u> </u>按钮，系统将弹出【打开】对话框，在此找到练习文件夹 ch3 并选择"倒斜角".prt 文件，再单击 OK 按钮进入 NX 建模环境。

　　步骤 3：在主菜单工具栏中选择【插入】|【细节特征】|【倒斜角】命令，或在【特征】

图 3-62　【倒斜角】对话框

工具条中单击【倒斜角】图标 按钮，系统弹出【倒斜角】对话框，如图 3-62 所示。

➥ 在【偏置】下拉选项【横截面】中选择为【对称】，在【距离】文本框中输入"1"，接着在作图区选择两个小圆及最大边界为倒斜角的边，单击 应用 按钮完成对称倒斜角操作，结果如图 3-63 所示。

➥ 在【偏置】下拉选项【横截面】中选择为【偏置和角度】，在【距离】文本框中输入"5"，【角度】文本框中输入"60"，接着在作图区选择中间圆为倒斜角的边，单击 <确定> 按钮完成倒斜角操作，结果如图 3-64 所示。

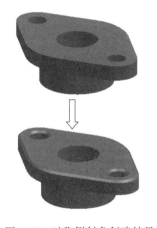

图 3-63　对称倒斜角创建结果

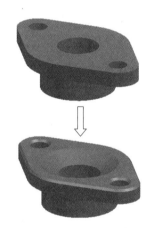

图 3-64　偏置和角度创建结果

3.1.19　拔模

【拔模】命令可通过更改相对于脱模方向的角度来修改面，可以执行指定多个拔模角并对一组面指派角度和将单个拔模特征添加到多个体的操作。在塑模部件或模铸部件中使用拔模后，则这些面可以相互移开，而不是相互靠近滑动。

在主菜单工具栏中选择【插入】|【细节特征】|【拔模】命令，或在【特征】工具条中单击【拔模】图标 按钮，系统弹出【拔模】对话框，如图 3-65 所示。

指定要用于创
建拔模的方法

用于指定脱模方向，
通常脱模方向是模具
为了与部件分离而移
动的方向

可选择一个或多
个固定面作为拔
模参考

用于选择拔模对
象，如面、边、
相切面等

图 3-65　【拔模】对话框

实例 20　拔模创建

步骤 1：运行 NX12.0 软件。

步骤 2：在主菜单中选择【文件】|【打开】命令，或单击工具栏的【打开】图标按钮，系统将弹出【打开】对话框，在此找到练习文件夹 ch3 并选择"拔模".prt 文件，再单击 OK 按钮进入 NX 建模环境。

步骤 3：在主菜单工具栏中选择【插入】|【细节特征】|【拔模】命令，或在【特征】工具条中单击【拔模】图标按钮，系统弹出【拔模】对话框，如图 3-65 所示。

▶在【类型】下拉选项中选择【从平面】选项，【脱模方向】按系统默认矢量方向。

▶单击【拔模方法】下拉选项，在作图区选择产品最底面为固定平面，接着单击【要拔模的面】下拉选项，然后在作图区选择产品侧面为要拔模的面，接着在【角度】文本框输入"20"，单击应用按钮完成面拔模操作，结果如图 3-66 所示。

要拔模的面

固定平面

图 3-66　面拔模创建结果

▶在【类型】下拉选项选择【从边】选项，【脱模方向】按系统默认矢量方向。

▶单击【固定边】下拉选项，然后在作图区选择台阶边为固定边，接着在【角度】文本框输入"30"，单击 应用 按钮完成从边拔模操作，结果如图3-67所示。

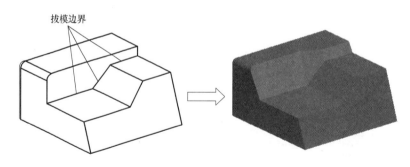

图 3-67　边拔模创建结果

↘ 在【类型】下拉选项选择【与多个面相切】选项，【脱模方向】按系统默认矢量方向；单击【相切面】下拉选项，然后在作图区选择产品倒过圆角的任何一个面为相切面，【角度】文本框输入"10"，单击 <确定> 按钮完成与多个面相切拔模操作，结果如图3-68所示。

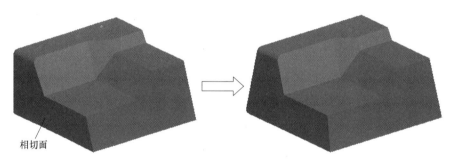

图 3-68　相切面拔模创建结果

> **技巧提示**：1. 当使用【固定边】拔模时，则可以进行可变拔模，具体操作可以单击可变拔模点 ∨选项。2. 如果要做出下面垂直，上面拔模的效果，则可采用【至分型边】拔模方式，此书没有作介绍。

3.1.20　拔模体

使用【拔模体】命令可将拔模添加到分型面的两侧并使之匹配，并使用材料填充底切区域。在主菜单工具栏中选择【插入】|【细节特征】|【拔模体】命令，或在【特征】工具条中单击【拔模体】图标 按钮，系统弹出【拔模体】对话框，如图3-69所示。

实例 21　拔模体创建

步骤1：运行NX12.0软件。

步骤2：在主菜单中选择【文件】|【打开】命令，或单击工具栏的【打开】图标 按钮，系统将弹出【打开】对话框，在此找到练习文件夹ch3并选择"拔模体".prt文件，再

指定应用拔模的方法

用于指定片体或基准平面作为分型对象

指定脱模方向，默认的脱模方向是+ZC或是与指定为分型对象的基准平面垂直的方向

指定用于选择固定边的方法

根据需要对分型片体处的对立拔模中添料，以确保材料均匀分布

图 3-69　【拔模体】对话框

单击 OK 按钮进入 NX 建模环境。

步骤 3：在主菜单工具栏中选择【插入】|【细节特征】|【拔模体】命令，或在【特征】工具条中单击【拔模体】图标 按钮，系统弹出【拔模体】对话框，如图 3-69 所示。

在【类型】下拉选项中选择【面】选项，接着在作图区选择如图 3-70 所示的面为分型对象，然后在【拔模体】对话框中单击【选择面】选项，接着在作图区选择凸台对象为要拔模的面，在【角度】文本框中输入"5"，其余参数按系统默认，单击 <确定> 按钮完成拔模体操作，结果如图 3-71 所示。

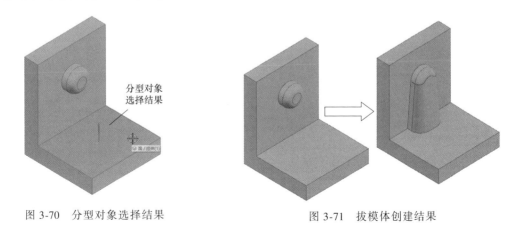

分型对象选择结果

图 3-70　分型对象选择结果

图 3-71　拔模体创建结果

3.1.21　管

使用【管】命令可沿中心线路径（具有外径及内径选项）扫掠出一个圆形横截面的实

体，使用此命令可来创建线扎、线束、布管、电缆或管组件。在主菜单工具栏中选择【插入】|【扫掠】|【管】命令，或在【特征】工具条中单击【管】图标 按钮，系统弹出【管】对话框，如图 3-72 所示。

图 3-72 【管】对话框

实例 22 管道创建

步骤 1：运行 NX12.0 软件。

步骤 2：在主菜单中选择【文件】|【打开】命令，或单击工具栏的【打开】图标 按钮，系统将弹出【打开】对话框，在此找到练习文件夹 ch3 并选择 "管".prt 文件，再单击 OK 按钮进入 NX 建模环境。

步骤 3：在主菜单工具栏中选择【插入】|【扫掠】|【管】命令，或在【特征】工具条中单击【管】图标 按钮，系统弹出【管】对话框，如图 3-72 所示。

➡ 在作图区选择实体底部边界为路径中心曲线，在【外径】文本框中输入 "3"，其余参数按系统默认，单击 确定 按钮完成管操作，结果如图 3-73 所示。

管道结果

图 3-73 管创建结果

3.1.22 沿引导线扫掠

使用【沿引导线扫掠】命令，可以通过沿一条引导线和一个截面进行创建体。可以选择的截面线包含连接的草图、曲线或边，同时引导线可以包含尖角过渡线段，如果要选择多个截面和多条引导线或是要控制扫掠的插值、比例及方位，则使用【曲面的扫掠】命令。

在主菜单工具栏中选择【插入】|【扫掠】|【沿引导线扫掠】命令，或在【特征】工具条中单击【沿引导线扫掠】图标 按钮，系统弹出【沿引导线扫掠】对话框，如图 3-74 所示。

图 3-74　【沿引导线扫掠】对话框

实例 23　沿引导线扫掠创建

步骤 1：运行 NX12.0 软件。

步骤 2：在主菜单中选择【文件】|【打开】命令，或单击工具栏的【打开】图标 按钮，系统将弹出【打开】对话框，在此找到练习文件夹 ch3 并选择 "沿引导线扫掠".prt 文件，再单击 OK 按钮进入 NX 建模环境。

步骤 3：在主菜单工具栏中选择【插入】|【扫掠】|【沿引导线扫掠】命令，或在【特征】工具条中单击【沿引导线扫掠】图标 按钮，系统弹出【沿引导线扫掠】对话框，如图 3-74 所示。

➡ 在作图区选择开放的曲线为截面线段，单击鼠标中键，系统跳至【引导线】选项，接着在作图区选择封闭的环为引导线，在【第一偏置】文本框中输入 "2"，其余参数按系统默认，单击 <确定> 按钮完成沿引导线扫掠操作，结果如图 3-75 所示。

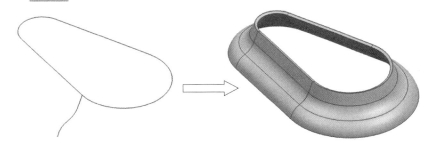

图 3-75　沿引导线创建结果

技巧提示：1. 管的截面只能是圆形；沿导线扫掠的截面可以是任意形状；2. 管不存在截面线；沿引导线扫掠必须有截面线；3. 管的引导线必须为相切连续，而沿引导线扫掠可以的引导线可以是相切过渡也可以相接过渡。

3.1.23 布尔运算

【布尔运算】命令提供三种运算方法，分别是合并、求差和相交。

1. 合并

使用【合并】命令可将两个或多个工具实体的体积组合为一个目标体，目标体和工具体必须重叠或共享面，否则无法完成合并创建。在主菜单工具栏中选择【插入】|【组合】|【合并】命令，或在【特征】工具条中单击【合并】图标🔲按钮，系统弹出【合并】对话框，如图3-76所示。

图 3-76 【合并】对话框

实例 24 合并创建

步骤1：运行 NX12.0 软件。

步骤2：在主菜单中选择【文件】|【打开】命令，或单击工具栏【打开】图标📂按钮，系统将弹出【打开】对话框，在此找到练习文件夹 ch3 并选择"合并".prt 文件，再单击 OK 按钮进入 NX 建模环境。

步骤3：在主菜单工具栏中选择【插入】|【组合】|【合并】命令，或在【特征】工具条中单击【求和】图标🔲按钮，系统弹出【合并】对话框，图3-76所示。

↘ 在作图区选择大的实体为目标体，接着在作图区框选所有绿色实体工具体，单击【区域】下拉选项，然后勾选☑定义区域选项。

↘ 在【选择区域】选项中选择◉移除，然后在作图区按自己要求依序选择要移除的对象，其余参数按系统默认，单击 <确定> 确定完成合并设计操作，结果如图3-77所示。

技巧提示：定义区域选项是 NX8.5 版本的新增功能，由于未列出单独的修剪体特征，因此这种方式简化了部件导航器特征树。

2. 求差

使用【求差】命令可从目标体中移除一个或多个工具体的体积。在主菜单工具栏中选

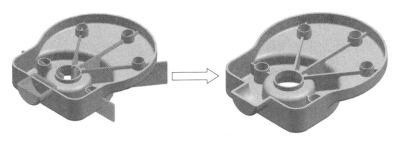

图 3-77 合并创建结果

择【插入】|【组合】|【求差】命令，或在【特征】工具条中单击【求差】图标按钮，系统弹出【求差】对话框，如图 3-78 所示。

实例 25 求差创建

步骤 1：运行 NX12.0 软件。

步骤 2：在主菜单中选择【文件】|【打开】命令，或单击工具栏的【打开】图标按钮，系统将弹出【打开】对话框，在此找到练习文件夹 ch3 并选择"求差".prt 文件，再单击 OK 按钮进入 NX 建模环境。

步骤 3：在主菜单工具栏中选择【插入】|【组合】|【求差】命令，或在【特征】工具条中单击【求差】图标按钮，系统弹出【求差】对话框，如图 3-78 所示。

图 3-78 【求差】对话框

➥ 在作图区选择绿色的实体为目标体，接着在作图区框选其他四个圆柱体为工具体，其余参数按系统默认，单击<确定>按钮完成求差设计操作，结果如图 3-79 所示。

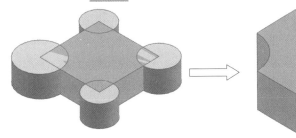

图 3-79 求差创建结果

3. 相交

使用【相交】命令可创建包含目标体与一个或多个工具体的共享体积或区域的体。在主菜单工具栏中选择【插入】|【组合】|【相交】命令，或在【特征】工具条中单击【相交】图标按钮，系统弹出【相交】对话框，如图 3-80 所示。

实例 26 相交创建

步骤 1：运行 NX12.0 软件。

图 3-80 【相交】对话框

步骤 2：在主菜单中选择【文件】|【打开】命令，或单击工具栏的图标 按钮，系统将弹出【打开】对话框，在此找到练习文件夹 ch3 并选择"相交".prt 文件，再单击 OK 按钮进入 NX 建模环境。

步骤 3：在主菜单工具栏中选择【插入】|【组合】|【相交】命令，或在【特征】工具条中单击【相交】图标 按钮，系统弹出【相交】对话框，如图 3-80 所示。

➥ 在作图区选择球体为目标体，接着选择五边形实体为工具体，其余参数按系统默认，单击 <确定> 按钮完成相交设计操作，结果如图 3-81 所示。

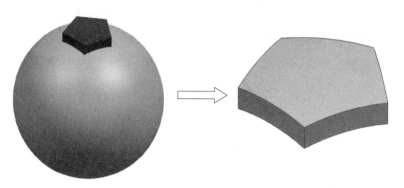

图 3-81   相交创建结果

3.2   曲面建模

NX 曲面建模技术是体现 CAD/CAM 软件建模能力的重要标志，如果只采用实体建模方法去完成产品的设计，设计就会显得十分受限。当设计一些复杂型面或不规则外形时，往往都采用曲面建模，曲面建模用于构造用标准建模方法无法创建的复杂形状，它既能生成曲面，也能生成实体。

曲面是指空间具有两个自由度的点构成的轨迹，和实体建模一样，都是设计的重要组成部分。曲面与实体的区别在于曲面有大小但没有质量，在特征的生成过程中，不影响模型的特征参数。曲面建模广泛应用设计飞机、汽车、电动机及其他工业造型设计过程，利用曲面建模命令可以方便快捷的设计复杂形状的产品。

要应用好曲面命令，则要掌握好曲面建模的基本原则和一些技巧，曲面创建的基本原则和技巧可大致归类为：

1. 创建自由形式特征的边界曲线尽可能简单，曲线阶数一般为 3 阶。

2. 边界曲线要保证光顺过渡，应避免产生尖角、交叉或重叠。

3. 尽量避免非参数化特征建模。

4. 如果是抄数出来的点云，一般是按照由点构线，由线构面原则创建曲面。

5. 合理分析产品形状特点，然后将对象分割成几个主要特征，接着逐一创建和接顺。

6. 根据不同部件的形状特点合理使用各种自由形状特征构造的方法。

7. 创建曲面的阶次一般为 3 阶，尽量避免高阶曲面。

8. 曲面之间的圆角过渡尽可能利用边倒圆、面倒圆或软圆角的操作。

3.2.1　直纹

用【直纹】命令可在两个截面之间创建体，其中【直纹】创建出来的曲面为线性过渡。【直纹】选择的截面线可以由单个或多个对象组成，且每个对象可以是点、曲线，也可以是实体边或片体边。如果截面线是封闭且在同一平面的，则创建出来的结果一般为实体，但也可通过设置选项完成体类型的设置。

在主菜单工具栏中选择【插入】|【网格曲面】|【直纹】命令，或在【曲面】工具条中单击【直纹】图标按钮，系统弹出【直纹】对话框，如图 3-82 所示。

图 3-82　【直纹】面对话框

实例 27　创建直纹曲面

步骤 1：运行 NX12.0 软件。

步骤 2：在主菜单中选择【文件】|【打开】命令，或单击工具栏的【打开】图标按钮，系统将弹出【打开】对话框，在此找到练习文件夹 ch3 并选择"直纹".prt 文件，再单击 OK 按钮进入 NX 建模环境。

步骤 3：在主菜单工具栏中选择【插入】|【网格曲面】|【直纹】命令，或在【曲面】工具条中单击【直纹】图标按钮，系统弹出【直纹】对话框，如图 3-82 所示。

　在作图区选取小圆弧段为截面线串 1，接着单击鼠标中键完成截面线串 1 选取，同时系统跳到【截面线串 2】选项；在作图区选取大圆弧段为截面线串 2，接着单击 应用 按钮完成第一个直纹面操作，结果如图 3-83 所示。

　在作图区选取存在点为截面线串 1，接着单击鼠标中键完成截面线串 1 选取，同时系统跳到【截面线串 2】选项；在作图区选取大圆弧段为截面线串 2，接着单击 应用 按钮完成第二个直纹面操作，结果如图 3-84 所示。

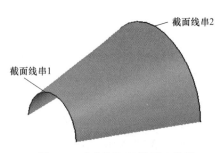

图 3-83 【直纹】以线创建结果

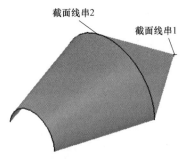

图 3-84 【直纹】以点线创建结果

3.2.2 通过曲线组

使用【通过曲线组】命令可创建穿过多个截面的体，一个截面可以由单个或多个对象组成，并且每个对象都可以是点、曲线，也可以是实体边或实体面的任意组合。通过不同的操作或截面线的不同，可以执行如下操作：

➥ 使用多个截面来创建片体或实体。

➥ 通过以各种方式将曲面与截面对齐，控制该曲面的形状。

➥ 将新曲面约束为与相切曲面 G0、G1 或 G2 连续，同时可以指定一个或多个输出补片。

➥ 生成垂直于结束截面的新曲面。

在主菜单工具栏中选择【插入】|【网格曲面】|【通过曲线组】命令，或在【曲面】工具条中单击【通过曲线组】图标按钮，系统弹出【通过曲线组】对话框，如图 3-85 所示。

图 3-85 【通过曲线组】对话框

88

实例 28　创建通过曲线组曲面

步骤 1：运行 NX12.0 软件。

步骤 2：在主菜单中选择【文件】|【打开】命令，或单击工具栏的【打开】图标 按钮，系统将弹出【打开】对话框，在此找到练习文件夹 ch3 并选择"通过曲线组".prt 文件，再单击 OK 按钮进入 NX 建模环境。

步骤 3：在主菜单工具栏中选择【插入】|【网格曲面】|【通过曲线组】命令，或在【曲面】工具条中单击【通过曲线组】图标 按钮，系统弹出【通过曲线组】对话框，如图 3-85 所示。

➷ 在作图区选择小片体面上的曲线段作为截面线串 1，单击鼠标中键完成截面线串 1 选取；按照上一步操作过程依序选取剩下曲线段。

➷ 在【通过曲线组】对话框中单击连续性∨下拉选项，接着勾选☑全部应用选项，然后在【第一个截面】下拉选项选取 G1（相切），此时【最后一个截面】下拉选项也为 G1（相切）。

➷ 在【选择面】选项中单击图标 按钮，接着在作图区选取左侧曲面为相切面，单击鼠标中键完成【第一个截面】相切操作。

➷ 在【选择面】选项中单击图标 按钮，接着在作图区选取右侧曲面为相切面，单击 <确定> 按钮完成通过曲线组创建，结果如图 3-86 所示。

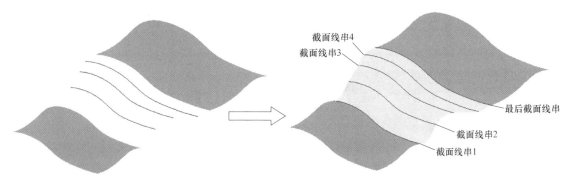

图 3-86　通过曲线组曲面创建结果

3.2.3　通过曲线网格

【通过曲线网格】命令是利用交互式的方式进行构建对象。【通过曲线网格】分为主曲线与交叉曲线，其中主曲线可以为线段也可以为一个点，如果主曲线是封闭且线段在同一平面的，则生成的结果一般为实体，但也可通过设置选项完成体类型的设置。可以通过对话框的设置，可以完成以下操作：

➷ 将新曲面约束为与相邻面呈 G0、G1 或 G2 连续。

➷ 使用一组脊线来控制交叉曲线的参数化。

➷ 将曲面定位在主曲线或交叉曲线附近，或定位在这两个集的中间处。

在主菜单工具栏中选择【插入】|【网格曲面】|【通过曲线网格】命令，或在【曲面】

工具条中单击【通过曲线网格】图标按钮，系统弹出【通过曲线网格】对话框，如图 3-87 所示。

图 3-87　【通过曲线网格】对话框

实例 29　创建通过曲线网格曲面

步骤 1：运行 NX12.0 软件。

步骤 2：在主菜单中选择【文件】|【打开】命令，或单击工具栏的【打开】图标按钮，系统将弹出【打开】对话框，在此找到练习文件夹 ch3 并选择"通过曲线网格".prt 文件，再单击 OK 按钮进入 NX 建模环境。

步骤 3：在主菜单工具栏中选择【插入】|【网格曲面】|【通过曲线网格】命令或在【曲面】工具条中单击【通过曲线网格】图标按钮，系统弹出【通过曲线网格】对话框，如图 3-87 所示。

➥ 在作图区选取主曲线 1，单击鼠标中键完成主曲线 1 选取，接着依序选取主曲线 2，主曲线 3（注：每选完一组线串都单击鼠标中键一次），然后单击鼠标中键，完成主曲线选取。

➥ 在【交叉曲线】下拉选项中单击【添加新集】标按钮，接着在作图区选取左侧线串为交叉曲线 1，单击鼠标中键完成交叉曲线 1 选取，接着依序选取中间交叉曲线 2，交叉曲线 3（注：每选完一组线串都单击鼠标中键一次），最后单击 应用 按钮完成上半部分通过曲线网格的操作，结果如图 3-88 所示。

技巧提示：1. 如果主线串为封闭线段时，则第一交叉线串应选取靠近主线串箭头方向，如果没有选取靠近箭头的线，则会出现"线串相交或错误选择；未创建曲面"警告；2. 如果主曲线与交叉线不相交，则主曲线与交叉曲线的最大间隙必须在公差范围内，否则创建不成功；3. 通过曲线网格可以点线、点线点构面，但不可以点、点、线构面。

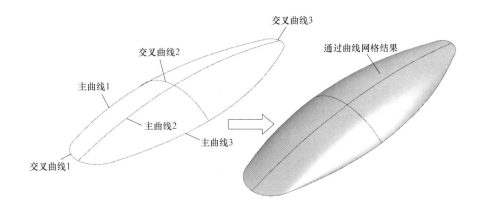

图 3-88　创建通过曲线网格曲面结果

3.2.4　艺术曲面

使用【艺术曲面】命令创建优化后用于光顺性的片体，【艺术曲面】将根据截面线串网络，或者截面线串网络和最多三条引导线串产生扫掠或放样曲面。如果要进一步优化曲面，可以执行以下操作：

🔽 指定约束面和连续性；编辑曲面对齐点和控制曲面截面之间的过渡。

🔽 修改曲面而不用重新构造它，具体方法是：对截面线串和引导线串执行添加、移除、重新排序或扫掠操作。

在主菜单工具栏中选择【插入】|【网格曲面】|【艺术曲面】命令，或在【曲面】工具条中单击【艺术曲面】图标 按钮，系统弹出【艺术曲面】对话框，如图 3-89 所示。

图 3-89　【艺术曲面】对话框

实例 30   创建艺术曲面

步骤 1：运行 NX12.0 软件。

步骤 2：在主菜单中选择【文件】|【打开】命令，或单击工具栏的【打开】图标按钮，系统将弹出【打开】对话框，在此找到练习文件夹 ch3 并选择 "艺术曲面".prt 文件，再单击 OK 按钮进入 NX 建模环境。

步骤 3：在主菜单工具栏中选择【插入】|【网格曲面】|【艺术曲面】命令，或在【曲面】工具条中单击【艺术曲面】图标按钮，系统弹出【艺术曲面】对话框，如图 3-89 所示。

👈 在作图区选择截面线 1，单击鼠标中键完成截面线 1 选择，然后选择截面线 2。（注：每选完一组线串都单击鼠标中键一次），最后单击鼠标中键，完成系统跳至引导线选项。

👈 在作图区选择引导线 1，单击鼠标中键完成引导线 1 选择，然后选择引导线 2。（注：每选完一组线串都单击鼠标中键一次，且要在【选择条】中激活【在相交处停止】选项）。

👈 在【连续性】下拉选项中勾选 ☑全部应用选项，并在【第一个截面】下拉选项选择 G1 (相切)▼选项，其余参数按系统默认，单击 < 确定 > 按钮完成艺术曲面创建，结果如图 3-90 所示。

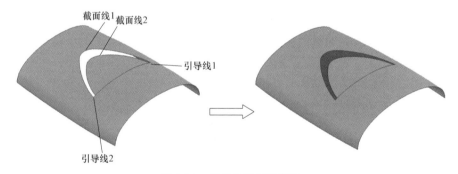

图 3-90   艺术曲面创建结果

> **技巧提示**：1.【艺术曲面】适合应用于两段截面线以上的曲面；2.【艺术曲面】与【通过曲线网格】相似，但创建【通过曲线网格】曲面时，其线段是要相互交叉，而【艺术曲面】则可以只有截面线，而不需要引导（交叉）线；3.【艺术曲面】与【扫掠】相似，但扫掠的引导线只能是 3 条，且不能与面做连续控制，而艺术曲面则可以在引导线上做连续性控制。

3.2.5   N 边曲面

【N 边曲面】是通过使用不限数目的曲线或边建立一个曲面，并可以指定与关联曲面的连续性，所用的曲线或边组成一个简单的、封闭的环。在主菜单工具栏中选择【插入】|【网格曲面】|【N 边曲面】命令，或在【曲面】工具条中单击【N 边曲面】图标按钮，

系统弹出【N 边曲面】对话框，如图 3-91 所示。

用于指定可创建的N边曲面的类型，包括已修剪和三角形

用于选择面以将相切及曲率约束添加到新曲面中

用于选择曲线或边的闭环作为N边曲面的构造边界

用于指定构建新曲面的方向，如果不指定UV方位，则NX会自动生成曲面

用于控制新曲面的连续性与平面度

图 3-91 【N 边曲面】对话框

实例 31 创建 N 边曲面

步骤 1：运行 NX12.0 软件。

步骤 2：在主菜单中选择【文件】|【打开】命令，或单击工具栏的【打开】图标 按钮，系统将弹出【打开】对话框，在此找到练习文件夹 ch3 并选择"N 边曲面".prt 文件，再单击 OK 按钮进入 NX 建模环境。

步骤 3：在主菜单工具栏中选择【插入】|【网格曲面】|【N 边曲面】命令或在【曲面】工具条中单击【N 边曲面】图标 按钮，系统弹出【N 边曲面】对话框，如图 3-91 所示；在【类型】下拉选项中选择 已修剪 ▼选项；【UV 方向】下拉选项选择 脊线 ▼选项。

↳ 在作图区选取前视图中的其中一封闭边界闭作为边界曲线，然后在【N 边曲面】对话框单击 形状控制 ∨下拉选项，接着将【中心平缓】的滑动块拖至"80"或直接在【中心平缓】文本框中输入"80"。

↳ 在【N 边曲面】对话框单击 设置 ∨下拉选项，接着勾选☑修剪到边界选项，其余参数按系统默认，单击 应用 按钮完成 N 边曲面创建，结果如图 3-92 所示。

步骤 4：按照上两个操作步骤，完成剩余三个边界的 N 边曲面操作，完成结果如图 3-93 所示。

步骤 5：在【类型】下拉选项中选择 三角形 ▼选项；在【约束面】选项中单击面 按钮，接着在作图区选取与边界曲线相连的面作为约束面。

↳ 单击 形状控制 ∨下拉选项，接着将 Z 的滑动块拖至"65"或直接在【Z】文本框中输入"65"；然后在 设置 ∨下拉选项中勾选☑尽可能合并面选项，其余参数按系统默认，单击

<确定>按钮完成多个三角形操作，完成结果如图 3-94 所示。

N边曲面结果

N边曲面已修剪
类型创建结果

N边曲面三角形
类型创建结果

图 3-92 N 边曲面创建结果　　　图 3-93 其余 N 边曲面创建结果　　　图 3-94 N 边曲面最终创建结果

3.2.6　扫掠

扫掠方式是指一截面或多个截面线沿着一至三条导线路径移动，最终得到外形轮廓。引导线串在扫掠方向上控制着扫掠体的方向和比例，引导线串必须为相切曲线，它可以由单段或多段线段组成。使用【扫掠】命令时，用户可以：

　🔾 通过沿引导曲线对齐截面线串，可以控制扫掠体的形状。

　🔾 控制截面沿引导线串扫掠时的方位，缩放扫掠体。

　🔾 使用脊线串使曲面上的等参数曲线变均匀。

在主菜单工具栏中选择【插入】|【扫掠】|【扫掠】命令，或在【曲面】工具条中单击【扫掠】图标 ⬚ 按钮，系统弹出【扫掠】对话框，如图 3-95 所示。

用于选择多达150
条截面线串

用于选择脊线，使用
脊线可以控制截面线
串的方位，并避免在
导线上不均匀分布参
数导致的变形

用于选择多达三条线
串来引导扫掠操作，
且引导线必须是相切
过渡

用于设置截面位置、对
齐方式、插值等选项

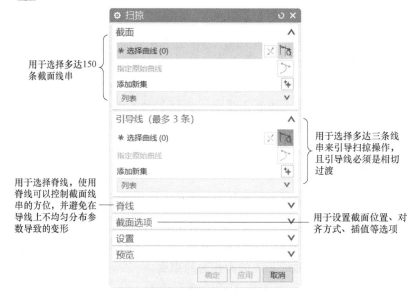

图 3-95　【扫掠】对话框

实例 32　创建扫掠曲面

步骤 1：运行 NX12.0 软件。

步骤 2：在主菜单中选择【文件】|【打开】，或单击工具栏的【打开】图标 按钮，系统将弹出【打开】对话框，在此找到练习文件夹 ch3 并选择"扫掠".prt 文件，再单击 OK 按钮进入 NX 建模环境。

步骤 3：在主菜单工具栏中选择【插入】|【扫掠】|【扫掠】命令，或在【曲面】工具条中单击【扫】掠图标 按钮，系统弹出【扫掠】对话框，如图 3-95 所示。

➥ 在截面 ∨ 下拉选项中单击图标 按钮，接着在作图区选取底面线段为截面线。

➥ 在引导线（最多 3 条）∨ 下拉选项中单击图标 按钮，接着在作图区选取背侧的线段为引导线 1，单击鼠标中键完成引导线 1 选取；然后选取左侧的线段为引导线 2，单击鼠标中键完成引导线 2 选取，最后选取前侧的线段为引导线 3。

➥ 在脊线 ∨ 下拉选项中单击图标 按钮，接着在作图区选取中心线为脊线，其余参数按系统默认，单击 < 确定 > 按钮完成扫掠操作，结果如图 3-96 所示。

3.2.7　变化扫掠

使用【变化扫掠】命令，可通过沿路径扫掠横截面（截面的形状沿该路径变化）进行创建体。如果草图已约束曲线与交点重合，则扫掠的边界将与相应的引导线重合，通过向主截面添加约束或从中移除约束，可以控制变化扫掠。尽管简单的变化扫掠可能不需用任何约束，但建议完全约束草图，同时添加用于约束草图的尺寸会影响扫掠的结果，如图 3-97 所示。

在主菜单工具栏中选择【插入】|【扫掠】|【变化扫掠】命令，或在【曲面】工具条中单击【变化扫掠】图标 按钮，系统弹出【变化扫掠】对话框，如图 3-98 所示。

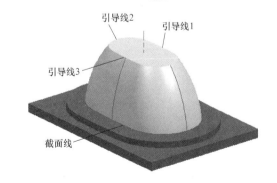

图 3-96　扫掠曲面创建结果

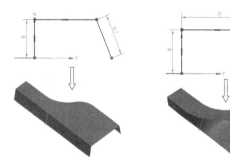

图 3-97　不同尺寸约束扫掠结果

实例 33　创建变化扫掠曲面

步骤 1：运行 NX12.0 软件。

用于选择扫掠截面
或创建扫掠截面

用于指定扫掠
的起点与终点

辅助截面是主截面
的副本，可以更改
辅助截面的尺寸，
但不能更改形状

图 3-98 【变化扫掠】对话框

步骤2：在主菜单中选择【文件】|【打开】命令，或单击工具栏的【打开】图标 按钮，系统将弹出【打开】对话框，在此找到练习文件夹 ch3 并选择"变化扫掠".prt 文件，再单击 OK 按钮进入 NX 建模环境。

步骤3：在主菜单工具栏中选择【插入】|【扫掠】|【变化扫掠】命令，或在【曲面】工具条中单击【变化扫掠】图标 按钮，系统弹出【变化扫掠】对话框，如图 3-98 所示。

在【表面驱动处】下拉选项中单击【绘制曲线】图标 按钮，同时系统弹出【创建草图】对话框，接着在【弧长百分比】文本框中输入"0"，其余参数按系统默认，单击 <确定> 按钮进入草图环境。

利用【草图工具】命令进行草图绘制和相关尺寸标注，草图创建结果如图 3-99 所示，同时在【直接草图】工具栏中单击完成图标 按钮返回【变化扫掠】对话框，在此不做任何更改，单击 <确定> 按钮完成变化扫掠操作，结果如图 3-100 所示。

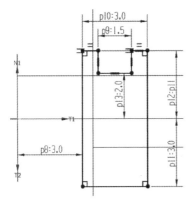

图 3-99 草图截面创建结果

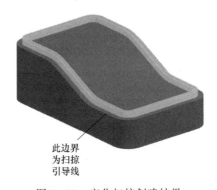

此边界
为扫掠
引导线

图 3-100 变化扫掠创建结果

技巧提示：本例也可采用沿引导线扫掠或【扫掠】命令完成。

3.2.8　修剪片体

使用【修剪片体】命令可将片体进行关联修剪，其选择修剪的对象可以是面、边、曲线和基准平面。在主菜单工具栏中选择【插入】|【修剪】|【修剪片体】命令，或在【特征】工具条中单击【修剪片】体图标 按钮，系统弹出【修剪片体】对话框，如图 3-101 所示。

用于选择要修剪的目标曲面体，选择目标体的位置将确定保留或舍弃的区域

用于选择修剪对象，这些对象可以是面、边、曲线和基准平面

用于选择投影方向，包括垂直于面、垂直于曲线平面和沿矢量

用于选择在修剪曲面时将保留或舍弃的区域

图 3-101　【修剪片体】对话框

实例 34　创建修剪片体

步骤 1：运行 NX12.0 软件。

步骤 2：在主菜单中选择【文件】|【打开】命令，或单击工具栏的【打开】图标 按钮，系统将弹出【打开】对话框，在此找到练习文件夹 ch3 并选择"修剪片体".prt 文件，再单击 OK 按钮进入 NX 建模环境。

步骤 3：在主菜单工具栏中选择【插入】|【修剪】|【修剪片体】命令，或在【特征】工具条中单击【修剪片体】图标 按钮，系统弹出【修剪片体】对话框，如图 3-101 所示。

➥ 在作图区选择片体为要修剪的目标片体，单击鼠标中键，系统跳至【边界】选项，接着在作图区选择所有曲线为边界对象，其余参数按系统默认，单击 确定 按钮完成修剪片体操作，结果如图 3-102 所示。

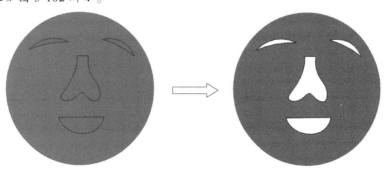

图 3-102　修剪片体创建结果

3.2.9　修剪和延伸

使用【修剪和延伸】命令可用于通过由边或曲面组成的一组工具对象来延伸和修剪一个或多个曲面。在主菜单工具栏中选择【插入】|【修剪】|【修剪和延伸】命令，或在【特征】工具条中单击【修剪和延伸】图标⌐按钮，系统弹出【修剪和延伸】对话框，如图 3-103 所示。

图 3-103　【修剪和延伸】对话框

实例 35　创建修剪和延伸曲面

步骤 1：运行 NX12.0 软件。

步骤 2：在主菜单中选择【文件】|【打开】命令，或单击工具栏的【打开】图标☐按钮，系统将弹出【打开】对话框，在此找到练习文件夹 ch3 并选择"修剪和延伸".prt 文件，再单击 OK 按钮进入 NX 建模环境。

步骤 3：在主菜单工具栏中选择【插入】|【修剪】|【修剪和延伸】命令，或在【特征】工具条中单击【修剪和延伸】图标⌐按钮，系统弹出【修剪和延伸】对话框，如图 3-103 所示。

➷ 在作图区选择绿色片体的顶部边界为目标对象，单击鼠标中键，接着选择蓝色片体的右侧边界为工具对象，其余参数按系统默认，单击 应用 按钮完成按距离延伸操作，结果如图 3-104 所示。

➷ 在【修剪和延伸类型】下拉选项中选择 制作拐角 ▼选项，接着在作图区选择绿色的片体的底部边界为要延伸的边，单击鼠标中键，然后在作图区选择底部相对应的边界限制边，其余参数按系统默认，单击 <确定> 按钮完成制作拐角操作，结果如图 3-105 所示。

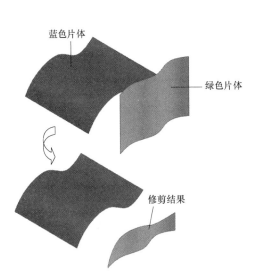

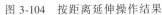

图 3-104　按距离延伸操作结果

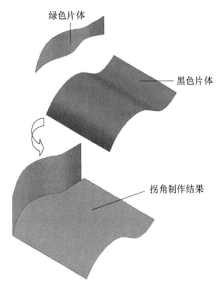

图 3-105　制作拐角结果

3.2.10　偏置曲面

使用【偏置曲面】命令可创建一个或多个现有面的偏置，且创建后的对象与原来对象或面产生关联。偏置曲面是通过沿所选面的曲面法向来进行偏置，指定的距离称为偏置距离。【偏置曲面】可以选择任何类型的面进行创建偏置。

在主菜单工具栏中选择【插入】|【偏置/比例】|【偏置曲面】命令，或在【特征】工具条中单击【偏置曲面】图标 按钮，系统弹出【偏置曲面】对话框，如图 3-106 所示。

图 3-106　【偏置曲面】对话框

实例 36　创建偏置曲面

步骤 1：运行 NX12.0 软件。

步骤 2：在主菜单中选择【文件】|【打开】命令，或单击工具栏的【打开】图标 按

钮，系统将弹出【打开】对话框，在此找到练习文件夹 ch3 并选择"偏置曲面".prt 文件，再单击 OK 按钮进入 NX 建模环境。

步骤 3：在主菜单工具栏中选择【插入】|【偏置/比例】|【偏置曲面】命令，或在【特征】工具条中单击【偏置曲面】图标 按钮，系统弹出【偏置曲面】对话框，如图 3-106 所示。

↘ 在作图区选择片体为要偏置的面，接着在【偏置 1】文本框中输入"25"，其余参数按系统默认，单击 OK 按钮完成偏置曲面操作，结果如图 3-107 所示。

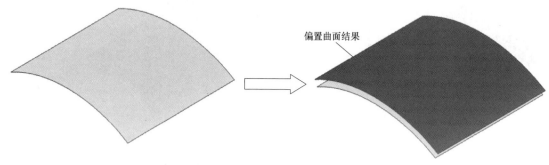

图 3-107　偏置曲面创建结果

3.3　同步建模

【同步建模】命令用于修改模型，而无须考虑该模型的原点、关联性或特征历史记录。同步建模修改的模型可以是从其他 CAD 系统导入，也可以是非关联不包含任何特征的体，还可以是包含特征由 NX 建立的模型。通过直接使用模型，几何体不会重新构建或转换，同时通过同步建模，设计者可以使用参数化特征而不受特征历史记录的限制。

3.3.1　移动面

使用【移动面】命令可移动一组面，并自动调整相邻面。【移动面】是很有用的设计工具，在设计过程中使得设计更改更加简单，如模具、加工及仿真就经常使用。在主菜单工具栏中选择【插入】|【同步建模】|【移动面】命令，或在【同步建模】工具条中单击【移动面】图标 按钮，系统弹出【移动面】对话框，如图 3-108 所示。

实例 37　移动面创建

步骤 1：运行 NX12.0 软件。

步骤 2：在主菜单中选择【文件】|【打开】命令，或单击工具栏的【打开】图标 按钮，系统将弹出【打开】对话框，在此找到练习文件夹 ch3 并选择"移动面".prt 文件，再单击 OK 按钮进入 NX 建模环境。

步骤 3：在主菜单工具栏中选择【插入】|【同步建模】|【移动面】命令，或在【同步建模】工具条中单击【移动面】图标 按钮，系统弹出【移动面】对话框，如图 3-108 所示。

用于选择要移动的一个或
多个面；面查找器用于根
据面的几何形状与选定面
的比较结果来选择面

为选定要移动的
面提供线性和角
度变换方法

图 3-108　【移动面】对话框

➡ 在作图区选择右侧的两个孔和垂直面，接着在【距离】文本框中输入 "30"，其余参数按系统默认，单击< 确定 >按钮完成移动面操作，结果如图 3-109 所示。

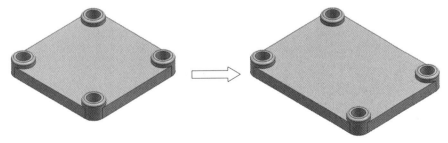

图 3-109　移动面创建结果

技巧提示：【移动面】对话框还有很多选项，但由于本书主要写的是基础，所以对里面的选项不再做详细讲解。

3.3.2　拉出面

使用【拉出面】命令可从面区域中派生体积，接着使用此体积修改模型。虽然【拉出面】类似于【移动面】命令，但【拉出面】可添加或减去一个新体积，而【移动面】则修改现有的体积。在主菜单工具栏中选择【插入】|【同步建模】|【拉出面】命令，或在【同步建模】工具条中单击【拉出面】图标按钮，系统弹出【拉出面】对话框，如图 3-110 所示。

实例 38　拉出面创建

步骤 1：运行 NX12.0 软件。

用于选择要拉出的、并
用于向实体添加新体积
或从实体减去原体积的
一个或多个面

为选定要拉出的面
提供线性和角度变
换方法

图 3-110 【拉出面】对话框

步骤 2：在主菜单中选择【文件】|【打开】，或单击工具栏的【打开】图标 按钮，系统将弹出【打开】对话框，在此找到练习文件夹 ch3 并选择"拉出面".prt 文件，再单击 OK 按钮进入 NX 建模环境。

步骤 3：在主菜单工具栏中选择【插入】|【同步建模】|【拉出面】命令，或在【同步建模】工具条中单击【拉出面】图标 按钮，系统弹出【拉出面】对话框，如图 3-110 所示。

➥ 在作图区选择两个绿色为要拉出的面，接着在【距离】文本框中输入"30"，其余参数按系统默认，单击 < 确定 > 按钮完成移动面操作，结果如图 3-111 所示。

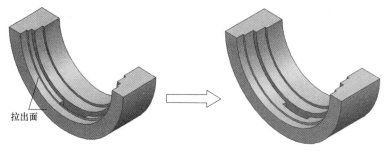

拉出面

图 3-111   拉出面创建结果

3.3.3 偏置区域

使用【偏置区域】命令从当前位置偏置一组面并调整相邻面。【偏置区域】命令与【偏置面】命令相似，但是【偏置区域】具有以下优点：

➥ 可以使用【面查找器】选项来选择相关面。

➥ 相邻面将自动重新生成圆角。

➥ 可以控制相交面的溢出行为。

在主菜单工具栏中选择【插入】|【同步建模】|【偏置区域】命令，或在【同步建模】工具条中单击【偏置区域】图标 按钮，系统弹出【偏置区域】对话框，如图 3-112 所示。

实例 39 偏置区域创建

步骤 1：运行 NX12.0 软件。

图 3-112　【偏置区域】对话框

用于根据面的几何形状与选定面的比较结果来选择面

用于设置偏置距离

用于控制移动的面的溢出特性，以及它们与其他面的交互方式

步骤 2：在主菜单中选择【文件】|【打开】命令，或单击工具栏的【打开】图标按钮，系统将弹出【打开】对话框，在此找到练习文件夹 ch3 并选择 "偏置区域".prt 文件，再单击 OK 按钮进入 NX 建模环境。

步骤 3：在主菜单工具栏中选择【插入】|【同步建模】|【偏置区域】命令，或在【同步建模】工具条中单击【偏置区域】图标按钮，系统弹出【偏置区域】对话框，如图 3-112 所示。

在作图区选择绿色为要偏置的面，接着在【距离】文本框中输入 "200"，同时单击【设置】下拉选项，并在【溢出行为】下拉选项选择 延伸入射面 选项，其余参数按系统默认，单击 <确定> 按钮完成偏置区域操作，结果如图 3-113 所示。

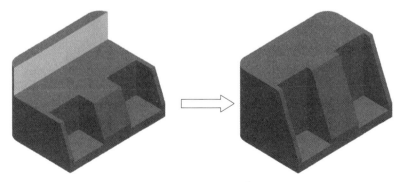

图 3-113　偏置区域创建结果

3.3.4　替换面

使用【替换面】命令可用一组面替换另一组面，替换面可以来自不同的体，也可以来自于要替换的面相同的体。在主菜单工具栏中选择【插入】|【同步建模】|【替换面】命令，或在【同步建模】工具条中单击【替换面】图标按钮，系统弹出【替换面】对话框，如图 3-114 所示。

用于选择要替换的
一个或多个目标面

为要替换的面选择
一个或多个面作为
替换面，选定的替
换面必须位于同一
个体上，并形成由
边连接而成的链

用于控制移动的面
的溢出特性，以及
它们与其他面的交
互方式

图 3-114 【替换面】对话框

实例 40 替换面创建

步骤 1：运行 NX12.0 软件。

步骤 2：在主菜单中选择【文件】|【打开】命令，或单击工具栏的【打开】图标 按钮，系统将弹出【打开】对话框，在此找到练习文件夹 ch3 并选择"替换面".prt 文件，再单击 OK 按钮进入 NX 建模环境。

步骤 3：在主菜单工具栏中选择【插入】|【同步建模】|【替换面】或在【同步建模】工具条中单击替换【面图】标 按钮，系统弹出【替换面】对话框，如图 3-114 所示。

➥ 在作图区选择绿色为要替换的面，单击鼠标中键，然后选择黑色片体为要替换的目标面，其余参数按系统默认，单击 <确定> 按钮完成替换面操作，结果如图 3-115 所示。

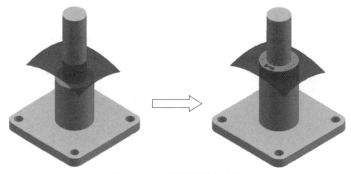

图 3-115 替换面创建结果

3.3.5 删除面

使用【删除面】命令移除选定的几何体或孔。【删除面】可以自动修复或保留删除面在模型中留下的开放区域，也可以保留相邻圆角。

在历史建模中，删除一个面之后，删除面特征出现在模型的历史记录中，与任何其他特征一样，可以编辑或删除该特征。在修改没有特征历史记录的导入模型时，【删除面】尤为有用，同时也代替了以前版本的"简化体"命令。

在主菜单工具栏中选择【插入】|【同步建模】|【删除面】命令或在【同步建模】工具条中单击【删除】面图标按钮，系统弹出【删除面】对话框，如图 3-116 所示。

图 3-116　【删除面】对话框

实例 41　删除面创建

步骤 1：运行 NX12.0 软件。

步骤 2：在主菜单中选择【文件】|【打开】命令，或单击工具栏的【打开】图标 按钮，系统将弹出【打开】对话框，在此找到练习文件夹 ch3 并选择"删除面".prt 文件，再单击 OK 按钮进入 NX 建模环境。

步骤 3：在主菜单工具栏中选择【插入】|【同步建模】|【删除面】或在【同步建模】工具条中单击【删除面】图标 按钮，系统弹出【删除面】对话框，如图 3-116 所示。

➥ 在作图区框选三个筋位和绿色的圆柱面为要删除的面，其余参数按系统默认，单击 <确定> 按钮完成删除面操作，结果如图 3-117 所示。

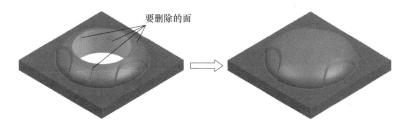

要删除的面

图 3-117　删除面创建结果

3.3.6　设为共面

使用【设为共面】命令来移动面，从而使其与另一个面或基准平面共面，同时使用【设为共面】命令可以在不考虑模型的来源、关联性或特征历史记录的情况下修改该模型的面。在主菜单工具栏中选择【插入】|【同步建模】|【相关】|【设为共面】命令，或在【同步建模】工具条中单击【设为共面】图标 按钮，系统弹出【设为共面】对话框，如图 3-118 所示。

用于选择要移动的
平的面，从而使其
变为与选定的固定
面共面

用于选择平的面或
基准平面，它们在
选定的运动面变换
成与其共面的过程
中保持固定

根据与运动面的相关
性，指定要移动的其
他平的面；运动面用
作面查找器和共面变
换的种子面

图 3-118　【设为共面】对话框

实例 42　设为共面创建

步骤 1：运行 NX12.0 软件。

步骤 2：在主菜单中选择【文件】|【打开】命令，或单击工具栏的【打开】图标 按 钮，系统将弹出【打开】对话框，在此找到练习文件夹 ch3 并选择 "设为共面".prt 文件，再单击 OK 按钮进入 NX 建模环境。

步骤 3：在主菜单工具栏中选择【插入】|【同步建模】|【相关】|【设为共面】命令，或在【同步建模】工具条中单击【设为共面】图标 按钮，系统弹出【设为共面】对话框，如图 3-118 所示。

↳ 在作图区选择左侧的斜面为运动面，接着在作图区选择基准平面为固定面，在【面查找器】中勾选 对称 (2) 选项，其余参数按系统默认，单击 <确定> 按钮完成设为共面操作，结果如图 3-119 所示。

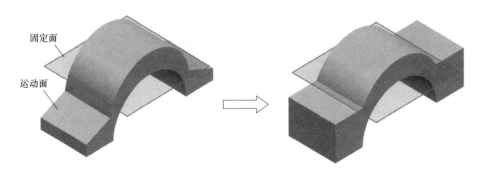

图 3-119　设为共面创建结果

3.3.7　设为共轴

使用【设为共轴】命令可将一个面与另一个面或基准轴设为共轴。同时使用【设为共轴】

命令可以在不考虑模型的来源、关联性或特征历史记录的情况下修改该模型的面。在主菜单工具栏中选择【插入】|【同步建模】|【相关】|【设为共轴】命令，或在【同步建模】工具条中单击【设为共轴】图标 按钮，系统弹出【设为共轴】对话框，如图 3-120 所示。

图 3-120　【设为共轴】对话框

技巧提示：由于【设为共轴】与【设为共面】的对话框界面一样，在此不再赘述。

实例 43　设为共轴创建

步骤 1：运行 NX12.0 软件。

步骤 2：在主菜单中选择【文件】|【打开】命令，或单击工具栏的【打开】图标 按钮，系统将弹出【打开】对话框，在此找到放置练习文件夹 ch3 并选择"设为共轴".prt 文件，再单击 OK 按钮进入 NX 建模环境。

步骤 3：在主菜单工具栏中选择【插入】|【同步建模】|【相关】|【设为共轴】命令或在【同步建模】工具条中单击【设为共轴】图标 按钮，系统弹出【设为共轴】对话框，如图 3-120 所示。

↘ 在作图区选择绿色面为运动面，接着选择轴为固定面，然后选择红色的圆柱面为运动组的面，其余参数按系统默认，单击 <确定> 按钮完成设为共轴操作，结果如图 3-121 所示。

3.3.8　设为相切

使用【设为相切】命令可将一个面设为与另一个面或基准平面相切，对于非参数模型特别有用。在主菜单工具栏中选择【插入】|【同步建模】|【相关】|【设为相切】命令，或在【同步建模】工具条中单击【设为相切】图标 按钮，系统弹出【设为相切】对话框，如图 3-122 所示。

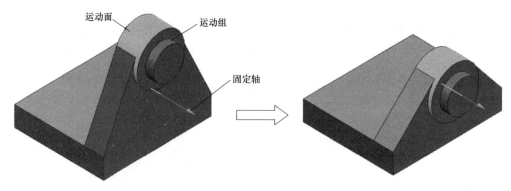

图 3-121　设为共轴创建结果

指定应用变换时运动面
必须穿过的点，从而使
变换更容易控制和预见

图 3-122　【设为相切】对话框

实例 44　设为相切创建

步骤 1：运行 NX12.0 软件。

步骤 2：在主菜单中选择【文件】|【打开】命令，或单击工具栏的【打开】图标 按
钮，系统将弹出【打开】对话框，在此找到练习文件夹 ch3 并选择"设为相切".prt 文件，
再单击 OK 按钮进入 NX 建模环境。

步骤 3：在主菜单工具栏中选择【插入】|【同步建模】|【相关】|【设为相切】命令，或
在【同步建模】工具条中单击【设为相切】图标 按钮，系统弹出【设为相切】对话框，
如图 3-122 所示。

↘ 在作图区选择绿色面为运动面，接着在【面查找器】选项中勾选 ☑ 对称 ⑵ 选项，然
后在作图区选择红色的面为固定面，再接着选择孔的面为运动组，并在【面查找器】选项

中勾选☑相切(3)选项，然后再勾选☑共轴(2)选项。

↳ 在【通过点】选项中单击指定点，然后选择孔的圆心为通过点，其余参数按系统默认，单击<确定>按钮完成设为约束操作，结果如图 3-123 所示。

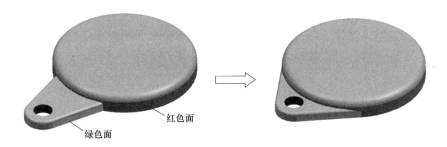

绿色面　　红色面

图 3-123　设为约束创建结果

3.3.9　设为对称

使用【设为对称】命令可将一个面设为与另一个面关于对称平面对称，对于非参数模型特别有用。在主菜单工具栏中选择【插入】|【同步建模】|【相关】|【设为对称】命令，或在【同步建模】工具条中单击【设为对称】图标按钮，系统弹出【设为对称】对话框，如图 3-124 所示。

用于选择对称平面，可将一个面移动成与固定面关于此对称平面对称

图 3-124　【设为对称】对话框

实例 45　设为对称创建

步骤 1：运行 NX12.0 软件。

步骤 2：在主菜单中选择【文件】|【打开】命令，或单击工具栏的【打开】图标按钮，系统将弹出【打开】对话框，在此找到练习文件夹 ch3 并选择"设为对称".prt 文件，

再单击 OK 按钮进入 NX 建模环境。

步骤3：在主菜单工具栏中选择【插入】|【同步建模】|【相关】|【设为对称】命令，或在【同步建模】工具条中单击【设为对称】图标 按钮，系统弹出【设为对称】对话框，如图3-124所示。

➲ 在作图区选择与基准平面平行的面为运动面，接着选择基准平面为对称面，然后选择左侧的斜面为固定面，其余参数按系统默认，单击 < 确定 > 按钮完成设为对称操作，结果如图3-125所示。

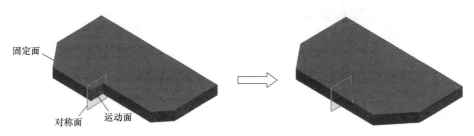

图3-125 设为对称创建结果

3.3.10 设为平行

使用【设为平行】命令可将一个平的面设为与另一个平的面或基准平面平行。在主菜单工具栏中选择【插入】|【同步建模】|【相关】|【设为平行】命令，或在【同步建模】工具条中单击【设为平行】图标 按钮，系统弹出【设为平行】对话框，如图3-126所示。

实例46 设为平行创建

步骤1：运行 NX12.0 软件。

步骤2：在主菜单中选择【文件】|【打开】命令，或单击工具栏的【打开】图标 按钮，系统将弹出【打开】对话框，在此找到练习文件夹 ch3 并选择"设为平行".prt 文件，再单击 OK 按钮进入 NX 建模环境。

图3-126 【设为平行】对话框

步骤3：在主菜单工具栏中选择【插入】|【同步建模】|【相关】|【设为平行】命令，或在【同步建模】工具条中单击【设为平行】图标 按钮，系统弹出【设为平行】对话框，如图3-126所示。

➲ 在作图区选择绿色面为运动面，接着选择红色面为固定面，其余参数按系统默认，单击 < 确定 > 按钮完成设为平行操作，结果如图3-127所示。

➲ 利用相同的方法，完成另一侧的平行创建，最终结果如图3-128所示。

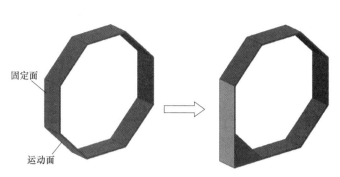

图 3-127　设为平行创建结果

图 3-128　最终创建结果

3.3.11　设为垂直

使用【设为垂直】命令可将一个平的面设为与另一个平的面或基准平面垂直。在主菜单工具栏中选择【插入】|【同步建模】|【相关】|【设为垂直】命令，或在【同步建模】工具条中单击【设为垂直】图标  按钮，系统弹出【设为垂直】对话框，如图 3-129 所示。

实例 47　设为垂直创建

步骤 1：运行 NX12.0 软件。

步骤 2：在主菜单中选择【文件】|【打开】命令，或单击工具栏的【打开】图标 按钮，系统将弹出【打开】对话框，在此找到练习文件夹 ch3 并选择"设为垂直".prt 文件，再单击 OK 按钮进入 NX 建模环境。

图 3-129　【设为垂直】对话框

步骤 3：在主菜单工具栏中选择【插入】|【同步建模】|【相关】|【设为垂直】命令，或在【同步建模】工具条中单击【设为垂直】图标 按钮，系统弹出【设为垂直】对话框，如图 3-129 所示。

在作图区选择斜面为运动面，然后选择与其相邻的垂直面为固定面，其余参数按系统默认，单击< 确定 >按钮完成设为垂直操作，结果如图 3-130 所示。

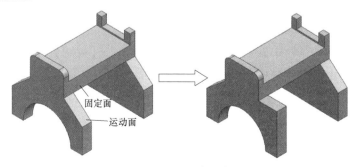

图 3-130　设为垂直创建结果

➦ 利用相同的方法，完成另一侧的设为垂直设计操作，结果如图3-131所示。

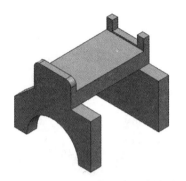

3.3.12 复制面

使用【复制面】命令可从体中复制一组面，复制的面集形成片体，可以将其粘贴到相同的体或不同的体。在主菜单工具栏中选择【插入】|【同步建模】|【重用】|【复制面】命令，或在【同步建模】工具条中单击【复制面】图标 按钮，系统弹出【复制面】对话框，如图3-132所示。

图3-131　设为垂直创建最终结果

图3-132　【复制面】对话框

实例48　复制面创建

步骤1：运行NX12.0软件。

步骤2：在主菜单中选择【文件】|【打开】命令，或单击工具栏的【打开】图标 按钮，系统将弹出【打开】对话框，在此找到练习文件夹ch3并选择"复制面".prt文件，再单击 OK 按钮进入NX建模环境。

步骤3：在主菜单工具栏中选择【插入】|【同步建模】|【重用】|【复制面】命令，或在【同步建模】工具条中单击【复制面】图标 按钮，系统弹出【复制面】对话框，如图3-132所示。

➦ 在作图区选择着色的黑色面为要复制的面，接着在【运动】下拉选项选择 距离▼ 选项，然后在作图区选择Y轴正方向为运动方向。

➦ 在【距离】文本框中输入"60"，接着在【复制面】对话框中单击粘贴 ▼ 选项，然后在此勾选☑粘贴剪切的面选项，其余参数按系统默认，单击< 确定 >按钮完成复制面操作，结果如图 3-133 所示。

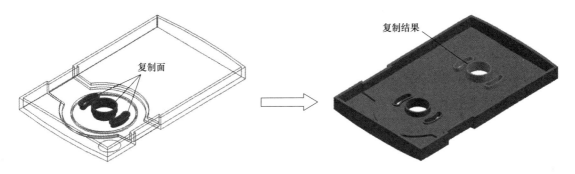

图 3-133　复制面创建结果

3.3.13　剪切面

使用【剪切面】命令可从体中复制一组面，然后从体中删除这些面，【剪切面】是【复制】和【删除】的结合。如果要在非关联模型中抑制面，【剪切面】就非常有用，因为非关联模型没有抑制的特征，只有一个体，所以可以使用【剪切面】来临时移除面集。

在主菜单工具栏中选择【插入】|【同步建模】|【重用】|【剪切面】命令或在【同步建模】工具条中单击【剪切面】图标按钮，系统弹出【剪切面】对话框，如图 3-134 所示。

实例 49　剪切面创建

步骤 1：运行 NX12.0 软件。

步骤 2：在主菜单中选择【文件】|【打开】命令，或单击工具栏的【打开】图标按钮，系统将弹出

图 3-134　【剪切面】对话框

【打开】对话框，在此找到练习文件夹 ch3 并选择"剪切面".prt 文件，再单击 OK 按钮进入 NX 建模环境。

步骤 3：在主菜单工具栏中选择【插入】|【同步建模】|【重用】|【剪切面】命令，或在【同步建模】工具条中单击【剪切面】图标按钮，系统弹出【剪切面】对话框，如图 3-134 所示。

↘ 在作图区选择黑色的面为要剪切的面，接着【运动】下拉选项选择距离选项，然后在作图区选择 X 轴正方向为运动方向，在【距离】文本框中输入"230"，接着在【剪切面】对话框中单击粘贴选项，然后在此勾选☑粘贴剪切的面选项，其余参数按系统默认，单击< 确定 >按钮完成剪切面操作，结果如图 3-135 所示。

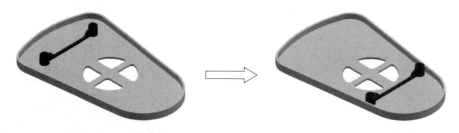

图 3-135　剪切面创建结果

3.3.14　镜像面

使用【镜像面】命令可复制面集，如在一个非参数模型中，可利用平面对选择的面集进行镜像，并将其粘贴到同一个实体或片体中。在主菜单工具栏中选择【插入】|【同步建模】|【重用】|【镜像面】或在【同步建模】工具条中单击【镜像面】图标 按钮，系统弹出【镜像面】对话框，如图 3-136 所示。

图 3-136　【镜像面】对话框

实例 50　镜像面创建

步骤 1：运行 NX12.0 软件。

步骤 2：在主菜单中选择【文件】|【打开】命令，或单击工具栏的【打开】图标 按钮，系统将弹出【打开】对话框，在此找到练习文件夹 ch3 并选择"镜像面".prt 文件，再单击 OK 按钮进入 NX 建模环境。

步骤 3：在主菜单工具栏中选择【插入】|【同步建模】|【重用】|【镜像面】命令，或在【同步建模】工具条中单击【镜像面】图标 按钮，系统弹出【镜像面】对话框，如图 3-136 所示。

⮩ 在作图区选择绿色的面为要镜像的面，然后在作图区选择基准平面为镜像对称面，其余参数按系统默认，单击 < 确定 > 按钮完成镜像面操作，结果如图 3-137 所示。

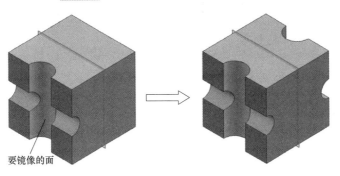

要镜像的面

图 3-137　镜像面创建结果

第4章 建模综合案例剖析

本章主要知识点:

- 识图与读图
- 实体综合建模
- 曲面综合建模
- AutoCAD 图样的编辑与存档
- 图样的换档与编辑
- 2D 图样的组立

4.1 下底座设计

下底座的图样尺寸如图 4-1 所示,利用实体综合建模功能完成下底座模型创建。

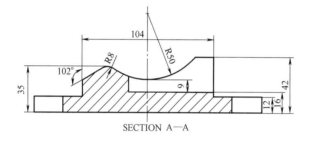

SECTION A—A

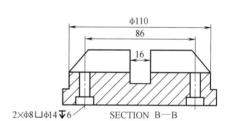

2×φ8⎵φ14▽6   SECTION B—B

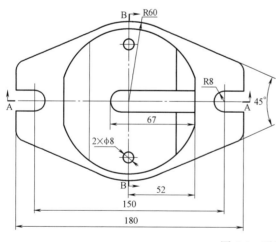

技术要求:
1. 未标注倒角C0.5。
2. 未标注倒圆R8。

图 4-1 下底座

4.1.1 建模思路分析

从图 4-1 所示可以看到本图由三个视图组成,一个俯视图,两个剖视图,剖面 A 表达了下底座的前视图结构，剖面 B 表达了左视图结果，具体的操作流程见表 4-1。

表 4-1　下底座建模流程表

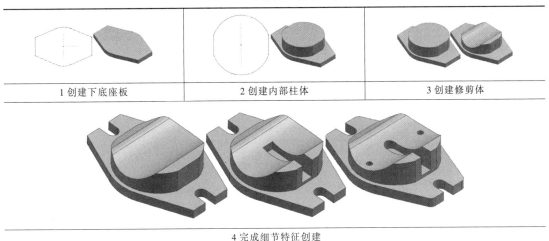

1 创建下底座板	2 创建内部柱体	3 创建修剪体

4 完成细节特征创建

4.1.2　设计步骤详解

步骤 1：进入 NX12.0 软件环境。在主菜单工具栏中选择【文件】|【新建】命令，或在【标准】工具条中单击【新建】图标 按钮，系统弹出【新建】对话框；在【文件名】文本框中输入"上底座"，其余参数按系统默认，单击 确定 按钮进入软件建模环境。

步骤 2：创建下底座板。

在主菜单工具栏中选择【插入】|【设计特征】|【拉伸】命令，或在【特征】工具条中单击【拉伸】图标 按钮，系统弹出【拉伸】对话框。

↘ 在【表区域驱动】卷展栏选项中单击 按钮，系统弹出【创建草图】对话框，在此不做任何更改，单击 确定 按钮系统进入草图环境；利用草图工具完成二维曲线的绘制，并通过约束功能完成相关尺寸约束与几何约束操作，草图结果如图 4-2 所示。在【草图组】工具条中单击 按钮，系统返回【拉伸】对话框。

↘ 在【结束】的【距离】文本框中输入"12"，其余参数按系统默认，单击 <确定> 按钮完成下底座板创建，结果如图 4-3 所示。

步骤 3：创建圆柱凸台。

在主菜单工具栏中选择【插入】|【设计特征】|【拉伸】命令，或在【特征】工具条中单击【拉伸】图标 按钮，系统弹出【拉伸】对话框。

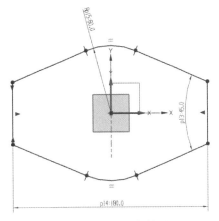

图 4-2　草图绘制结果

图 4-3　下底座板创建结果

➥ 在【表区域驱动】卷展栏选项中单击🔲按钮，系统弹出【创建草图】对话框，在此不做任何更改，单击 确定 按钮系统进入草图环境；利用草图工具完成二维曲线的绘制，并通过约束功能完成相关尺寸约束与几何约束操作，草图结果如图4-4所示。在【草图组】工具条中单击🏁按钮，系统返回【拉伸】对话框。

➥ 在【结束】的【距离】文本框中输入"42"，在【布尔】下拉选项选择 合并 ▼选项，其余参数按系统默认，单击< 确定 >按钮完成凸台创建，结果如图4-5所示。

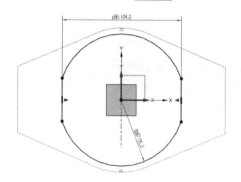

图4-4 草图创建结果

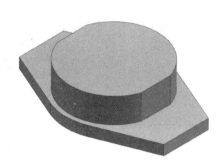

图4-5 圆柱凸台创建结果

步骤4：创建修剪体。

在主菜单工具栏中选择【插入】|【设计特征】|【拉伸】命令，或在【特征】工具条中单击【拉伸】图标🔳按钮，系统弹出【拉伸】对话框。

➥ 在【表区域驱动】卷展栏选项中单击🔲按钮，系统弹出【创建草图】对话框，接着在作图区选择XZ平面为草图平面，其余参数按系统默认，单击 确定 按钮系统进入草图环境；利用草图工具完成二维曲线的绘制，并通过约束功能完成相关尺寸约束与几何约束操作，草图结果如图4-6所示。在【草图组】工具条中单击🏁按钮，系统返回【拉伸】对话框。

➥ 在【开始】下拉选项选择【对称值】，在【距离】文本框中输入"90"，同时在【限制】卷展栏中勾选☑开放轮廓智能体选项，最后在【布尔】下拉选项选择 减去 ▼选项，其余参数按系统默认，单击< 确定 >按钮完成切割体创建，结果如图4-7所示。

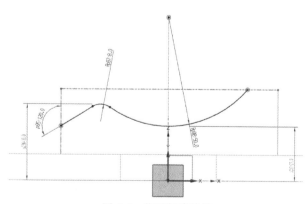

图4-6 草图创建结果

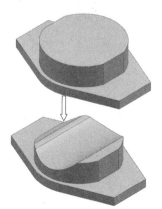

图4-7 修剪体创建结果

步骤 5：创建 U 形槽。

结合图 4-1 所示的尺寸数据和前面 4 个的操作步骤，完成两侧及中间 U 形槽的创建，结果如图 4-8 所示。

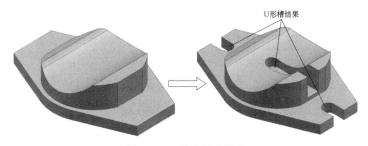

图 4-8　U 形槽创建结果

步骤 6：创建沉头孔。

在主菜单工具栏中选择【插入】|【设计特征】|【孔】命令，或在【特征】工具条中单击【孔】图标 按钮，系统弹出【孔】对话框。

在【位置】选项中单击【绘制截面】图标 按钮，系统弹出【创建草图】对话框，接着在作图区选择实体顶面为草图面，单击 确定 按钮进入草图环境。在草图环境创建如图 4-9 所示的两个点，然后在【草图组】工具栏中单击 按钮，系统返回【孔】对话框。

在【成形】下拉选项选择 沉头 选项，在【直径】文本框中输入"14"，在【深度】文框中输入"6"，在【直径】文本框中输入"8"，在【深度限制】下拉选项选择 贯通体 选项，其余参数按系统默认，单击 <确定> 按钮完成沉头孔创建，结果如图 4-10 所示。

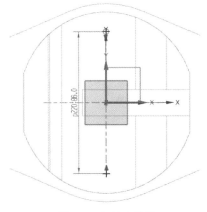

图 4-9　点创建结果

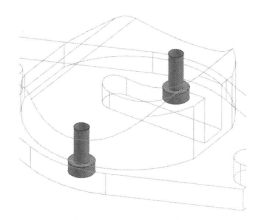

图 4-10　沉头孔创建结果

4.2　电视盒端盖设计

4.2.1　设计任务

电视盒盖的工程图如图 4-11 所示。在接受设计任务时，客户提供了电视盒端盖的 2D 产品图，并提出一些要求见表 4-2。

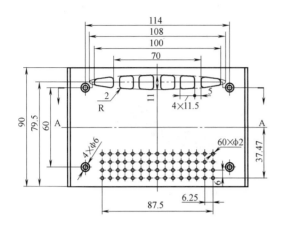

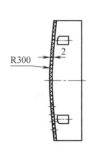

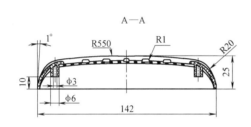

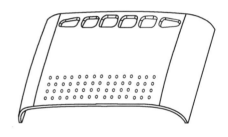

图 4-11　电视盒端盖 2D 产品图

表 4-2　客户要求

材料	用途	产品外观要求	收缩率	模腔排位及数量	产量	备注
ABS	家电产品	产品不得有披锋、刮花、缩水等不良现象	0.5%	一模二腔	25 万	产品要求装配，且在配合公差内

4.2.2　设计思路分析

电视盒端盖主要用主体部位的修饰及装配，在设计时应注意前、后面盖柱位的定位。具体设计流程见表 4-3。

表 4-3　电视盒设计流程简表

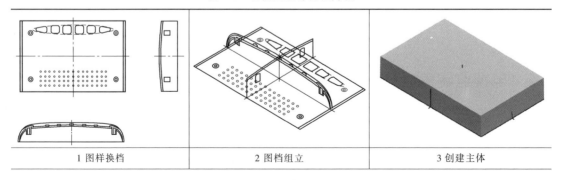

1 图样换档	2 图档组立	3 创建主体

（续）

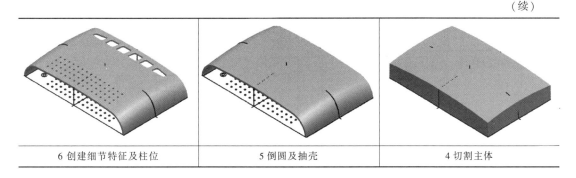

6 创建细节特征及柱位	5 倒圆及抽壳	4 切割主体

4.2.3　2D 图样的编辑与转档

由于客户已经将 2D 产品图给到生产者手上，只需对它的产品图进行相关的编辑与转档，即可在 NX 上进行 3D 设计，而不必花费太多精力去抄图。

> **技巧提示**：由于客户供给的图纸只有一份，为了保证原图纸的完整性，最好进行图档的备份，即不要在原图样上进行编辑。

步骤 1：双击桌面　图标，打开 AutoCAD 软件；在软件左上角单击　图标选择【打开】命令，系统弹出【选择文件】对话框，在此找到练习文件夹 ch4 并选择"电视端盖"文件，再单击　打开(O)　▼ 按钮，进入 AutoCAD 主界面，结果如图 4-11 所示。

步骤 2：单击　图标选择【另存为】命令，然后找到相关的盘符进行存盘，单击　保存(S)　按钮完成图档备份。

步骤 3：去除图框和尺寸，同时进行相关图层的管理设置，将产品移动到工作原点；选择【文件】|【保存】选项，完成保存操作，结果如图 4-12 所示。

步骤 4：进入 NX12.0 软件环境。在主菜单工具栏中选择【文件】|【新建】命令，或在快速访问工具条中单击【新建】图标　按钮，系统弹出【新建】对话框；在【文件名】文本框中输入"电视盖"，其余参数按系统默认，单击　确定　按钮进入软件建模环境。

步骤 5：在主菜单选择【文件】|【导入】|【**AutoCAD DXF/DWG...**】命令，系统弹出【AutoCAD DXF/DWG 导入向导】对话框，接着单击【打开】图标　按钮，系统弹出【DXF/DWG 文件】对话框。在此找到练习文件夹 ch4 并选择"电视盖".dwg 文件，单击　OK　按钮返回【DXF/DWG 文件】对话框，在此不做任何参数更改，单击　完成　按钮完成图形的转档操作，结果如图 4-13 所示。

> **技巧提示**：由于在 AutoCAD 软件中进行了多余的删除，所以在 NX 软件中只需将图档进行组立即可。

4.2.4　图形的组立创建操作

由于转档过来的图形是平面二维图形，但在三维造型时是从三视图创建的，所示必须对现有图形进行组立成立体形。在主菜单选择【编辑】|【移动对象】命令，系统弹出【移动

对象】对话框。

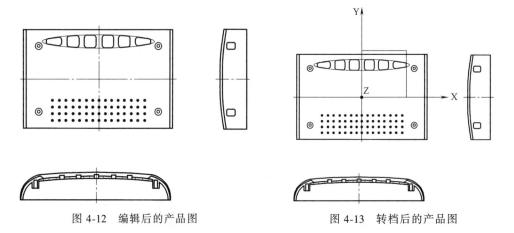

图 4-12　编辑后的产品图　　　　　　　　图 4-13　转档后的产品图

➥ 在作图区选择左视图为要移动的对象，在【变换】运动选项栏中选择 ⟨⟩角度▼ 选项，然后在作图区选择左视图中的分型线为"指定矢量"；在【角度】文本框中输入"90"，其余参数按系统默认，单击 应用 按钮完成图形的旋转操作，结果如图 4-14 所示。

➥ 利用相同的方法，完成前视图的旋转操作，结果如图 4-15 所示。

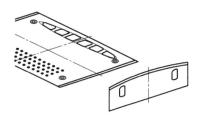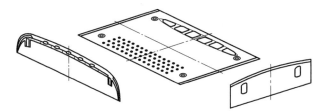

图 4-14　完成左视图旋转操作结果　　　　图 4-15　完成前视图旋转操作结果

> **技巧提示**：在角度转换时，如果转换方向与自己所要的方向不一致，则可以在【变换】反向选项栏中单击 ☒ 反向图标，进行方向的改变。

➥ 在作图区选择前视图为要移动的对象，在【变换】运动选项栏中选择 ✎点到点▼ 选项，然后选择如图 4-16 所示的交点为"指定出发点"，坐标原点为"指定终止点"；其余参数按系统默认，单击 应用 完成前视图的移动操作，结果如图 4-17 所示。

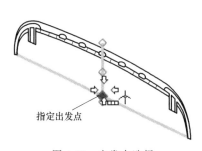

指定出发点

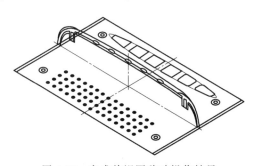

图 4-16　出发点选择　　　　　　　　　　图 4-17　完成前视图移动操作结果

➥ 利用相同的方法，完成左视图的移动操作，最终图形组立结果如图 4-18 所示。

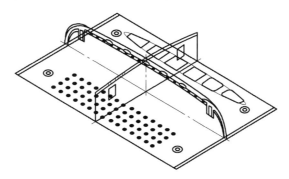

图 4-18　图形组立创建结果

> **技巧提示**：由于二维图档为了表达清楚设计者的意图，因此会做出一些辅助线段，这些辅助线段是为了方便识读图，但在三维设计时，这些线段是没有实际意义的，所以要进行删除。

4.2.5　创建主体操作

经过上一节的操作，将自己要用的视图线框进行组立，接下来就可以做后续的主体创建与细节特征操作。但由于一些线段还存在圆弧倒角及线段不连续，所以必须对图形进行优化。

步骤 1：拉伸主体。

在主菜单工具栏中选择【插入】|【设计特征】|【拉伸】命令，或在【特征】工具条中单击【拉伸】图标█按钮，系统弹出【拉伸】对话框。

➥ 在作图区选择图 4-19 所示的线段为拉伸截面；在【结束】的【距离】文本框中输入"30"，其余参数按系统默认，单击 < 确定 > 按钮完成拉伸操作，结果如图 4-20 所示。

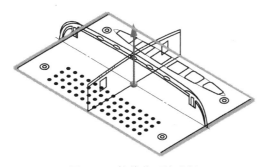

图 4-19　拉伸截面线选择

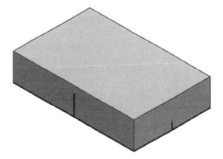

图 4-20　完成拉伸实体操作结果

步骤 2：对主体拔模。

在主菜单工具栏中选择【插入】|【细节特征】|【拔模】命令，或在【特征】工具条中单击【拔模】图标◇按钮，系统弹出【拔模】对话框。

➥ 在【类型】卷展栏选择【边】，接着在做图区选择 Z 轴为脱模方向，然后如图 4-21 所示的边界作为固定边界；在【角度1】文本框中输入"1"，其余参数按系统默认，单击

<确定>按钮完成拔模操作，结果如图 4-22 所示。

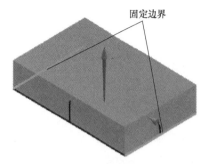

图 4-21　拔模边界选择

图 4-22　完成拔模操作结果

步骤 3：创建扫掠曲面。

由于电视盒端盖顶面为球形面，所以不能利用【拉伸】直接创建出来，应该经过【旋转】或【扫掠】功能进行创建，但是各方向的剖面半径不一致，因此应该利用【扫掠】功能进行完成创建。

（1）在主菜单工具栏中选择【编辑】|【曲线】命令，或在【编辑曲线】工具条中单击【曲线长度】图标 按钮，系统弹出【曲线长度】对话框。

在作图区选择图 4-23 所示的线段为要更改长度的曲线，在【延伸】卷展栏中的【侧】选项中选择 对称 ▼ 选项；在【限制】卷展栏的【开始】文本框中输入"30"；在【设置】卷展栏中将 关联 勾选去除，其余参数按系统默认，单击 确定 按钮完成曲线延伸操作，结果如图 4-24 所示。

利用相同的方法，完成左视图 R300 圆弧的延伸，结果如图 4-25 所示

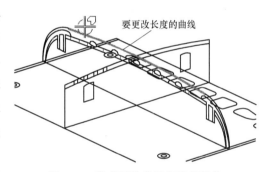

图 4-23　完成延伸曲线段选择操作

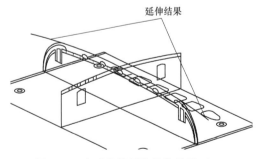

图 4-24　完成曲线延伸操作结果（一）

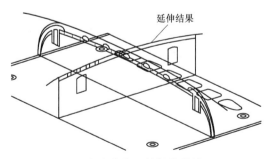

图 4-25　完成曲线延伸操作结果（二）

（2）在主菜单工具栏中选择【格式】|【图层设置】命令，系统弹出【图层设置】对话框。在【工作图层】文本框中输入"11"之后按 Enter 键，其余为可选层，单击 关闭 按钮完成工作图层设置。

（3）在主菜单工具栏中选择【插入】|【扫掠】|【扫掠】命令，或在【曲面】工具条中单击【扫掠】图标按钮，系统弹出【扫掠】对话框。

在作图区选择图 4-24 所示的延长线为截面线；接着选择左视图中的 R300 圆弧为引导线串，其余参数按系统默认，单击＜确定＞按钮完成扫掠的创建，结果如图 4-26 所示。

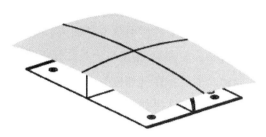

图 4-26　扫掠曲面创建结果

> **技巧提示**：在 NX 软件中，鼠标中键可以起到结束和跳转选项的作用，因此要灵活使用中键。如在扫掠时，选择完截面后可以单击鼠标中键两次，完成截面的选择及跳转至引导线选项。

步骤 4：修剪实体。

（1）在主菜单工具栏中选择【格式】|【图层设置】命令，系统弹出【图层设置】对话框。在【工作图层】文本框中输入"1"之后按 Enter 键，其余为可选层，单击 关闭 按钮完成工作图层设置。

（2）在主菜单工具栏中选择【插入】|【修剪】|【修剪体】命令，或在【特征】工具条中单击【修剪体】图标按钮，系统弹出【修剪体】对话框。

在作图区选择实体为要修剪的目标体，单击鼠标中键，系统跳转至【工具】选项，接着在作图区选择图 4-26 所示的扫掠曲面为工具体，其余参数按系统默认，单击＜确定＞按钮完成修剪体操作，结果如图 4-27 所示。

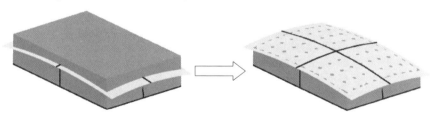

图 4-27　完成修剪体操作结果

4.2.6　创建主体细节特征

步骤 1：边倒圆创建。

在主菜单工具栏中选择【插入】|【细节特征】|【边倒圆】命令，或在【特征】工具条中单击【边倒圆】图标按钮，系统弹出【边倒圆】对话框。

在作图区选择图 4-28 所示的边界为倒圆边界，在【半径 1】文本框中输入"20"，其余参数按系统默认，单击＜确定＞按钮完成边倒圆操作，结果如图 4-29 所示。

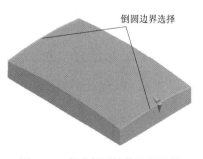

图 4-28　完成倒圆操作边界选择

步骤2：实体抽壳创建。

在主菜单工具栏中单击【插入】|【偏置/缩放】|【抽壳】命令，或在【特征】工具条中单击【抽壳】图标按钮，系统弹出【抽壳】对话框。在作图区选择实体底面及两个侧面为要移除的面；在【厚度】文本框中输入"2"，其余参数按系统默认，单击< 确定 >按钮完成抽壳操作，结果如图4-30所示。

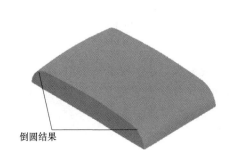

图4-29　完成边倒圆操作结果　　　　　　　　　图4-30　主体外形创建结果

步骤3：创建柱位。

在主菜单工具栏中选择【插入】|【设计特征】|【拉伸】命令，或在【特征】工具条中单击【拉伸】图标按钮，系统弹出【拉伸】对话框。

↘ 在作图区选择图4-31所示的线段为拉伸截面；在【开始】的【距离】文本框中输入"10"；在【结束】下拉选项选择 直至下一个 ▼ 选项。

↘ 在【布尔（无）】下拉选项选择 求和▼ 选项；在【拔模】下拉选项选择 从截面▼ 选项，在【角度】文本框中输入"0.3"，其余参数按系统默认，单击 确定 按钮完成拉伸操作，结果如图4-32所示。

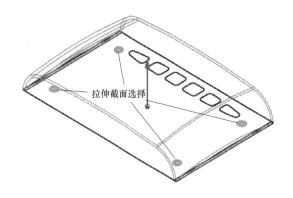

图4-31　拉伸截面选择　　　　　　　　　图4-32　柱位创建结果

步骤4：创建按钮通孔。

在主菜单工具栏中选择【插入】|【设计特征】|【拉伸】命令，或在【特征】工具条中单击【拉伸】图标按钮，系统弹出【拉伸】对话框。

➥ 在作图区选择图 4-33 所示的线段为拉伸截面；在【结束】下拉选项选择 贯通 ▼ 选项。

➥ 在【布尔（无）】下拉选项选择 求差 ▼ 选项，其余参数按系统默认，单击 确定 按钮，完成拉伸操作，结果如图 4-34 所示。

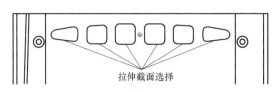

图 4-33　拉伸截面选择

图 4-34　按钮通孔创建结果

步骤 5：创建散热孔。

在主菜单工具栏中选择【插入】|【设计特征】|【拉伸】命令，或在【特征】工具条中单击【拉伸】图标 按钮，系统弹出【拉伸】对话框。

➥ 在作图区选择所有的小孔为拉伸截面；在【结束】下拉选项选择 贯通 ▼ 选项。

➥ 在【布尔（无）】下拉选项选择 求差 ▼ 选项，其余参数按系统默认，单击 < 确定 > 按钮完成拉伸操作，结果如图 4-35 所示。

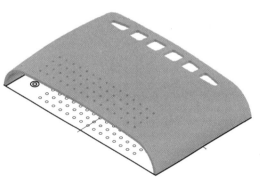

图 4-35　电视盒端盖设计结果

4.3　汤匙案例设计

汤匙的图样尺寸如图 4-36 所示，利用实体综合建模功能完成汤匙模型创建。

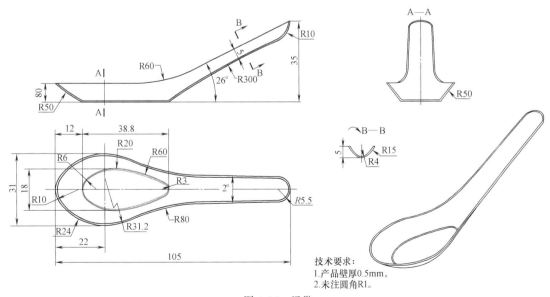

技术要求：
1.产品壁厚0.5mm。
2.未注圆角R1。

图 4-36　汤匙

4.3.1 设计思路分析

由图 4-36 所示可以看到本图由四个视图组成，一个俯视图，三个剖视图，剖面 A 表达了汤匙的前视图结构，剖面 B 表达了左视图结果，剖面 C 表达了汤匙尾部大小尺寸，具体的操作流程见表 4-4。

表 4-4　汤匙设计流程表

1 创建俯视图外轮廓	2 创建俯视图内部圆弧	3 创建剖面 A 外轮廓
6 创建剖面 C 轮廓线	5 创建剖面 B 轮廓线	4 创建组合投影曲线
7 创建桥接曲线	8 创建艺术样条线	9 创建主体曲面
12 抽壳及细节创建结果	11 实体化创建	10 创建底平面

4.3.2 设计步骤详解

步骤 1：运行 NX12.0 软件。

步骤 2：在主菜单中选择【文件】|【新建】命令，或在快速访问工具条中单击□按钮，系统将弹出【新建】对话框，在此不做任何更改，单击 确定 按钮进入 NX 建模环境。

步骤 3：汤匙俯视图草图绘制 1。

在主菜单工具栏中选择【格式】|【图层设置】命令，系统弹出【图层设置】对话框。在【工作图层】文本框中输入"21"按 Enter 键，其余为可选层，单击 关闭 按钮完成工作图层设置。

➥ 在【直接草图】工具栏中单击【轮廓】图标 按钮，系统弹出【轮廓】对话框，接着在作图区绘制如图 4-37 所示图例及标注尺寸值。

➥ 在【直接草图】工具栏中单击【镜像曲线】图标 按钮，系统弹出【镜像曲线】对话框，然后在作图区选择 X 轴作为镜像中心线，选择图 4-37 中创建的线段作为境像曲线，单击 < 确定 > 按钮完成镜像曲线操作，然后给曲线段标注尺寸值，结果如图 4-38 所示。

➥ 在【直接草图】工具栏中单击【圆弧】图标 按钮，系统弹出【圆弧】对话框，接着在作图区绘制如图 4-39 所示图例及标注尺寸。

➥ 在【直接草图】工具栏中单击 按钮完成汤匙俯视图草图创建，结果如图 4-40 所示。

图 4-37　轮廓草图设计结果

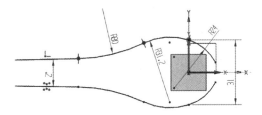

图 4-38　镜像曲线及尺寸标注结果

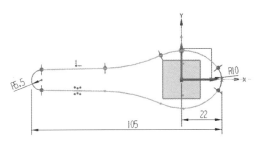

图 4-39　圆弧绘制及尺寸标注

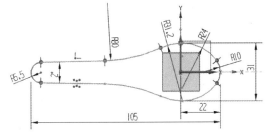

图 4-40　汤匙俯视图草图 1 创建结果

> **技巧提示**：如果用户在使用草图标注时，各曲线段更新变化很大，则可以先将延迟草图计算激活。具体操作为：在主菜单工具栏中选择【工具】|【更新】【延迟草图评估】命令即可，这样就不会随着尺寸标注更改而更改，最终可以利用评估草图命令完成草图更新。

步骤 4：汤匙俯视图草图绘制 2。

（1）在主菜单工具栏中选择【格式】|【图层设置】命令，系统弹出【图层设置】对话框。在【工作图层】文本框中输入"62"按 Enter 键，其余为可选层，单击 关闭 按钮完成工作图层设置。

（2）在主菜单中工具栏中选择【插入】|【基准/点】|【基准】命令，或在【特征】工具条中单击【基准平面】图标 按钮，系统弹出【基准平面】对话框。接着在作图区选择 XY

平面为要定义的平面对象，在【距离】文本框中输入"-8"，其余参数按系统默认，单击 <确定> 按钮完成基准平面偏置创建。

（3）在【直接草图】工具栏中单击【圆弧】图标 按钮，系统弹出【圆弧】对话框，接着在作图区选择刚创建的基准平面为草图平面，然后利用草图工具、几何约束及尺寸约束完成图 4-41 所示的操作。

步骤 5：汤匙前视图草图绘制。

在主菜单工具栏中选择【格式】|【图层设置】命令，系统弹出【图层设置】对话框。在【工作图层】文本框中输入"23"按Enter 键，62 为不可见的，其余为可选层，单击 关闭 按钮完成工作图层设置。

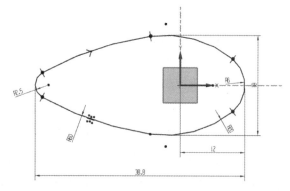

图 4-41　汤匙俯视图草图 2 创建结果

☞ 在【直接草图】工具栏中单击【草图】图标 按钮，系统弹出【创建草图】对话框，接着在作图区选择 XZ 平面为草图平面，其余参数按系统默认，单击 <确定> 按钮激活草图相关工具。

☞ 在【直接草图】工具栏中单击【交点】图标 按钮，系统弹出【交点】对话框，如图 4-42 所示，接着在作图区选择圆弧 R10 为交线，单击 <确定> 按钮完成交点操作，利用相同方法，完成其余两处的交点创建，最终如图 4-43 所示。

图 4-42　【交点】对话框

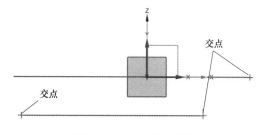

图 4-43　交点创建结果

☞ 在【直接草图】工具栏中单击【轮廓】图标 按钮，系统弹出【轮廓】对话框，接着在作图区绘制如图 4-44 所示图例。

☞ 在【草图曲线】工具栏中单击【圆角】图标 按钮，系统弹出【创建圆角】对话框，接着在作图区倒 R60 圆角，结果如图 4-45 所示。

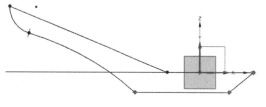

图 4-44　轮廓草图绘制结果

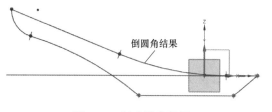

图 4-45　创建圆角结果

在作图区标注如图 4-46 所示尺寸值，接着在【直接草图】工具栏单击 按钮完成汤匙前视图草图创建。

步骤 6：创建组合投影曲线。

（1）在主菜单工具栏中选择【格式】|【图层设置】命令，系统弹出【图层设置】对话框。在【工作图层】文本框中输入 "41" 按 Enter 键，22、62 为不可见的，其余为可选层，单击 关闭 按钮完成工作图层设置。

（2）在主菜单中选择【插入】|【派生曲线】|【组合投影】命令，或在【派生曲线】工具栏中单击【组合投影】图标 按钮，系统弹出【组合投影】对话框，如图 4-47 所示。

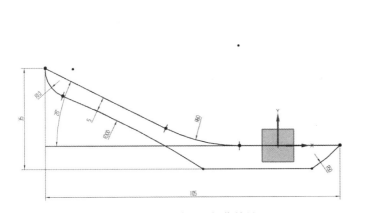

图 4-46　汤匙前视图操作结果

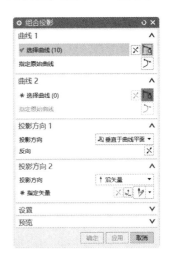

图 4-47　【组合投影】对话框

在作图区选择图 4-40 所示的草图对象为要投影的第一曲线链，单击鼠标中键，系统跳至【曲线 2】卷展栏，接着在作图区选择图 4-48 所示的曲线为要投影的第二曲线链，其余参数按系统默认，单击 确定 按钮完成组合投影曲线创建，结果如图 4-49 所示。

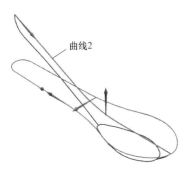

图 4-48　投影曲线选择结果

图 4-49　组合投影曲线创建结果

步骤 7：创建剖面 B 轮廓线。

（1）在主菜单工具栏中选择【格式】|【图层设置】命令，系统弹出【图层设置】对话框。在【工作图层】文本框中输入 "24" 按回车键，22、41、61 为可选层，其余为不可见的层，单击 关闭 按钮完成工作图层设置。

（2）在【直接草图】工具栏中单击【草图】图标 按钮，系统弹出【创建草图】对话框，接着在作图区选择 YZ 平面为草图平面，其余参数按系统默认，单击 <确定> 按钮激活草图相关工具。在【直接草图】工具完成草图曲线的创建，最终结果如图 4-50 所示。

步骤 8：创建剖面 C 轮廓线。

（1）在主菜单工具栏中选择【格式】|【图层设置】命令，系统弹出【图层设置】对话框。在【工作图层】文本框中输入"25"按 Enter 键，23、61 为可选层，其余为不可见的层，单击 关闭 按钮完成工作图层设置。

（2）在【直接草图】工具栏中单击【草图】图标 按钮，系统弹出【创建草图】对话框，接着在作图区选择 XZ 平面为草图平面，其余参数按系统默认，单击 <确定> 按钮激活草图相关工具。在【直接草图】工具完成草图曲线的创建，最终如图 4-51 所示。

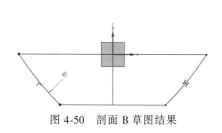

图 4-50　剖面 B 草图结果

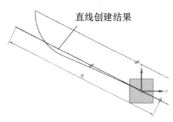

直线创建结果

图 4-51　草图创建结果

（3）在主菜单工具栏中选择【格式】|【图层设置】命令，系统弹出【图层设置】对话框。在【工作图层】文本框中输入"26"按 Enter 键，25、41 为可选层，其余为不可见的层，单击 关闭 按钮完成工作图层设置。

（4）在【直接草图】工具栏中单击【草图】图标 按钮，系统弹出【创建草图】对话框，在草图类型 下拉选项中选择 基于路径 类型，接着在作图区选择图 4-51 所示的直线为草图路径，在【弧长百分比】文本框中输入"100"，其余参数按系统默认，单击 <确定> 按钮激活草图相关工具。在【直接草图】工具完成草图曲线的创建，最终结果如图 4-52 所示。

步骤 9：创建桥接曲线。

（1）在主菜单工具栏中选择【格式】|【图层设置】命令，系统弹出【图层设置】对话框。在【工作图层】文本框中输入"42"按 Enter 键，23 为可选层，其余为不可见的层，单击 关闭 按钮完成工作图层设置。

（2）在主菜单工具栏中选择【派生曲线】|【桥接曲线】命令，或在【派生曲线】工具条中单击【桥接曲线】图标 按钮，系统弹出【桥接曲线】对话框。接着在作图区选择曲线段 1，单击鼠标中键，系统跳至【终止对象】卷展栏，然后在作图区选择曲线 2，其余参数按系统默认，单击 <确定> 按钮完成桥接操作，如图 4-53 所示。

步骤 10：创建艺术样条曲线。

（1）在主菜单工具栏中选择【格式】|【图层设置】命令，系统弹出【图层设置】对话框。在【工作图层】文本框中输入"43"按 Enter 键，24、61 为可选层，其余为不可见的层，单击 关闭 按钮完成工作图层设置。

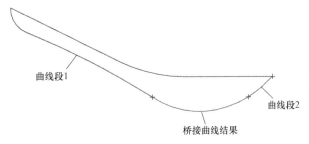

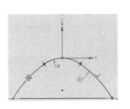

图 4-52　剖面 C 草图结果　　　　图 4-53　桥接曲线结果

（2）在主菜单工具栏中选择【插入】|【曲线】|【艺术样条】命令，或在【曲线】工具栏中单击【艺术样条】图标 按钮，系统弹出【艺术样条】对话框。

在作图区以左侧的边界端点为样条起始点，并约束为 G1 过渡，接着在【艺术样条】对话框中单击【点构造器】图标 按钮，系统弹出【点】对话框。

在类型 下拉选项中选择 交点 选项，接着在作图区选择 YZ 平面为要相交的平面，单击鼠标中键，系统跳至【要相交的曲线】卷展栏，然后在作图区选择桥接曲线为要相交的曲线，其余参数按系统默认，单击 确定 按钮返回【艺术样条】对话框。

在作图区以右侧的边界端点为样条终点，并约束为 G1 过渡，其余参数按系统默认，单击 <确定> 按钮，完成艺术样条创建，结果如图 4-54 所示。

步骤 11：创建主体曲面。

（1）在主菜单工具栏中选择【格式】|【图层设置】命令，系统弹出【图层设置】对话

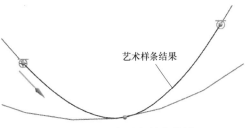

图 4-54　艺术样条创建结果

框。在【工作图层】文本框中输入"1"按 Enter 键，23、26、41、42、43 为可选层，其余为不可见的层，单击 关闭 按钮完成工作图层设置。

（2）在主菜单工具栏中选择【插入】|【网格曲面】|【通过曲线网格】命令。或在【曲面】工具条中单击【通过曲线网格】图标 按钮，系统弹出【通过曲线网格】对话框。

在作图区选取主曲线 1，单击鼠标中键完成主曲线 1 选取，接着依序选取主曲线 2，主曲线 3（注：每选完一组线串都单击鼠标中键一次），然后单击鼠标中键，完成主曲线选取。

在【交叉曲线】下拉选项单击【新建】，接着在作图区依序选取交叉曲线 1、交叉曲线 2、交叉曲线 3 和交叉曲线 4（注：每选完一组线串都单击鼠标中键一次），最后单击 <确定> 按钮完成汤匙主体曲面的创建，结果如图 4-55 所示。

步骤 12：创建底部曲面。

由于汤匙底部为平坦的平面，而创建的主体曲面是平滑过渡面，因此需要通过修剪曲面的方法来完成底平面的创建，具体操作如下：

（1）在主菜单工具栏中选择【格式】|【图层设置】命令，系统弹出【图层设置】对话框。在【工作图层】文本框中输入"1"按 Enter 键，62 为可选层，其余为不可见的层，单击 关闭 按钮完成工作图层设置。

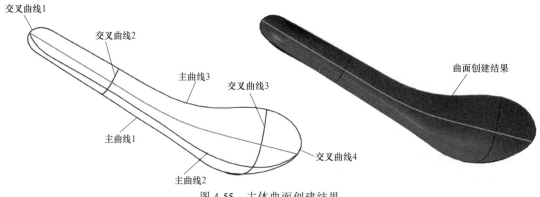

图 4-55　主体曲面创建结果

（2）在主菜单工具栏中选择【插入】|【修剪】|【修剪体】命令，或在【特征】工具条中单击【修剪体】图标 按钮，系统弹出【修剪体】对话框。

↘ 在作图区选择主体曲面为目标体，单击鼠标中键，系统跳至【工具】卷展栏选项；在【工具选项】下拉选项中选择 新建平面▼ 选项，接着在作图区选择基准平面为工具体，在【距离】文本框中输入"2"，其余参数按系统默认，单击 <确定> 按钮完成修剪体操作，修剪结果如图 4-56 所示。

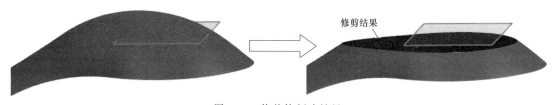

图 4-56　修剪体创建结果

> **技巧提示**：如果修剪方向不正确时，则可以在【修剪体】对话框中单击反向图标 ✕ 按钮，进行切换修剪方向。

（3）在主菜单工具栏中选择【格式】|【图层设置】命令，系统弹出【图层设置】对话框。在【工作图层】文本框中输入"1"按 Enter 键，22、23、24 为可选层，其余为不可见的层，单击 关闭 按钮完成工作图层设置。

（4）在主菜单工具栏中选择【插入】|【网格曲面】|【通过曲线网格】命令，或在【曲面】工具条中单击【通过曲线网格】图标 按钮，系统弹出【通过曲线网格】对话框。

↘ 在作图区选取主曲线 1，单击鼠标中键完成主曲线 1 选取，接着选取主曲线 2（注：每选完一组线串都单击鼠标中键一次），然后单击鼠标中键，完成主曲线选取；在【交叉曲线】下拉选项单击【新建】，接着在作图区依序选取交叉曲线 1、交叉曲线 2 和交叉曲线 3（注：每选完一组线串都单击鼠标中键一次）。

↘ 在【通过曲线网格】对话框中单击连续性 ∧ 卷展栏，接着在【第一主线串】下拉选项中选择 G1 (相切)▼ 选项，然后在作图区选择汤匙主体曲面为约束面，其余参数按系统默认，单击 <确定> 按钮完成曲面的创建，结果如图 4-57 所示。

↘ 利用相同的方法，完成另一侧曲面的创建，最终结果如图 4-58 所示。

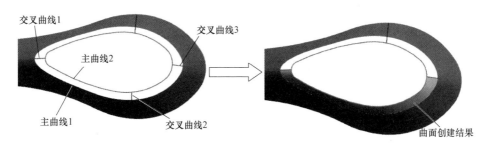

图 4-57　曲面创建结果

（5）在主菜单工具栏中选择【插入】|【曲面】|【有界平面】命令，或在【曲面】工具条中单击【有界平面】图标 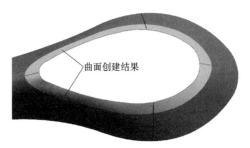 按钮，系统弹出【有界平面】对话框，如图 4-59 所示。

图 4-58　曲面补齐结果

➥ 在作图区选择图层 22 的对象为有界平面的曲线，其余参数按系统默认，单击 <确定> 按钮完成有界平面的创建，结果如图 4-60 所示。

图 4-59　【有界平面】对话框

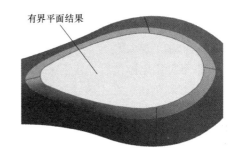

图 4-60　有界平面创建结果

步骤 13：曲面实体。

（1）在主菜单工具栏中选择【格式】|【图层设置】命令，系统弹出【图层设置】对话框。在【工作图层】文本框中输入"1"按 Enter 键，22 为可选层，其余为不可见的层，单击 关闭 按钮完成工作图层设置。

（2）在主菜单工具栏中选择【插入】|【设计特征】|【拉伸】命令，或在【特征】工具条中单击【拉伸】图标 按钮，系统弹出【拉伸】对话框。

➥ 在作图区选择中间线段为拉伸截面，在【开始】下拉选项选择 对称值 ▼ 选项，然后在【距离】文本框中输入"30"，其余参数按系统默认，单击 <确定> 按钮完成拉伸操作，结果如图 4-61 所示。

（3）在主菜单工具栏中选择【格式】|【图层设置】命令，系统弹出【图层设置】对话框。将 22 设为不可见的层，单击 关闭 按钮完成工作图层设置。

（4）在主菜单工具栏中选择【插入】|【修剪】|【修剪和延伸】命令，或在【特征】工

具条中单击【修剪和延伸】图标 按钮，系统弹出【修剪和延伸】对话框。

↘ 在【修剪和延伸类型】下拉选项选择 **制作拐角** ▼选项，在作图区选择刚拉伸的片体为目标对象，单击鼠标中键，接着选择汤匙主体曲面为工具对象，其余参数按系统默认，单击 < 确定 > 按钮完成制作拐角操作，结果如图 4-62 所示。

拉伸结果

图 4-61　拉伸结果

图 4-62　完成制作拐角操作结果

（5）在主菜单工具栏中选择【插入】|【组合】|【缝合】命令或在【特征】工具条中单击【缝合】图标 按钮，系统弹出【缝合】对话框。

↘ 在作图区选择图 4-62 所示的片体为目标片体，单击鼠标中键，然后框选作图区所有对象为工具片体，其余参数按系统默认，单击 < 确定 > 按钮完成缝合操作。

步骤 14：细节特征创建。

完成曲面实体化操作后，接下来就可以完成倒圆角及抽壳的细节特征操作。

（1）边倒圆创建。在主菜单工具栏中选择【插入】|【细节特征】|【边倒圆】命令，或在【特征】工具条中单击【边倒圆】图标 按钮，系统弹出【边倒圆】对话框。

↘ 在作图区选取汤匙底边为倒圆边界，在【半径 1】文本框中输入 "1"，单击 < 确定 > 按钮完成边倒圆操作，结果如图 4-63 所示。

（2）抽壳创建。在主菜单选择【插入】|【偏置/缩放】|【抽壳】命令，或在【特征】工具条中单击【抽壳】图标 按钮，系统弹出【抽壳】对话框。

↘ 在作图区选择汤匙表面为要移除的面，同时在【厚度】文本框中输入 "0.5"，其余参数按系统默认，单击 < 确定 > 按钮完成抽壳操作，结果如图 4-64 所示。

边倒圆结果

图 4-63　边倒圆结果

抽壳结果

图 4-64　抽壳结果

拓展练习

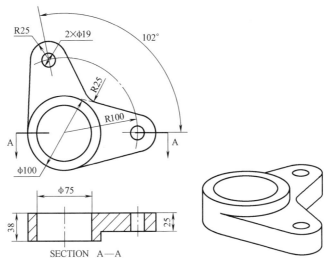

图 4-65 练习 4-1

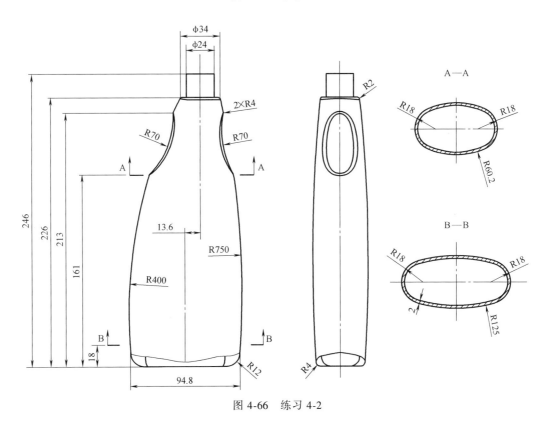

图 4-66 练习 4-2

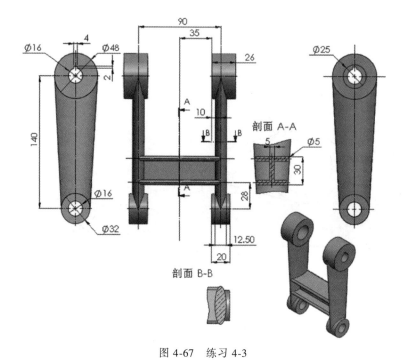

图 4-67 练习 4-3

图 4-68 练习 4-4

第5章 装配建模与案例剖析

本章主要知识点：

- 装配概述与装配过程
- 装配图与爆炸图的创建
- 自顶向下装配方法
- 自底向上装配方法

5.1 装配概述

用 NX 装配应用模块可以为零件文件和子装配文件进行装配建模。在装配中，可参考其他部件进行部件关联设计，并可对装配模型进行间隙分析和质量管理等操作。装配模型产生后，可建立爆炸视图，并可将其引入到装配工程图中。同时，在装配工程图中可自动产生装配明细表，并能对轴测图进行局部剖切。

5.1.1 装配概念

一辆坦克往往由成千上万的零件组成，装配就是把坦克内部的零件按一定的顺序和技术要求进行组装，最后成为一辆完整的机器，并且可靠地实现产品设计功能的应用。

1. 装配部件

装配部件是由零件和子装配构成的部件，在 NX12.0 中允许向任何一个部件文件中添加部件构成装配，因此任何一个部件文件都可作为一个装配部件。在 NX12.0 中，零件和部件不必严格区分，需要注意的是，当存储一个装配时，各部件的实际几何数据并不是存储在装配部件文件中，而是存储在相应的部件中。

2. 子装配件

子装配件是在高一级装配中被用做组件的装配，子装配件也拥有自己的组件。子装配件是一个相对的概念，任何一个装配部件都可以在更高级装配中用做子装配。

3. 组件对象

组件对象是一个从装配部件链接到部件主模型的指针实体。一个组件对象记录的信息有：部件名称、层、颜色、线型、引用集和配对条件等。

4. 组件部件

组件部件是在装配中由组件对象所指的部件文件。组件既可以是单个部件（即零件），也可以是一个子装配，组件是由装配部件引用而不是复制到装配部件中。

5. 单个零件

单个零件是指在装配外存在的零件几何模型，它可以添加到一个装配中去，但它本身不能含有下级组件。

6. 主模型

主模型是各模块共同引用的部件模型。同一主模型可同时被工程图、装配、加工、机构分析和有限元分析等模块引用。装配件本身也可以是一个主模型，被制图、分析等应用模块引用。主模型修改时，相关应用自动更新。

5.1.2 装配建模方法

NX12.0装配模块能快速组合零件部件成为产品。为了满足不同的装配要求，系统提供了3种建模方法。

1. 自底向上装配

在自底向上装配建模中，可以先创建零件，然后将其添加到装配中，这是一种比较习惯的装配方法，也是实际装配过程的再现。

2. 自顶向下装配

使用自顶向下装配建模，可以在装配级别创建几何体，并可将几何体移动或复制到一个或多个组件中。如用户可以选择当前处于装配级别的几何体将其移至新组件，又或者可以复制几何体并将其粘贴到新组件中等。这种方法给产品设计带来了极大的方便，设计者可以根据自己的设计思路去完成所需的装配、子装配和组，验证设计的可行性。

3. 混合装配

混合装配是将自顶向下和自底向上装配结合在一起使用，如先创建几个主要部件模型，然后再将其装配在一起，最后在装配中设计其他部件。在实际设计中，可根据需要在两种模式下切换，以减少产品的开发设计时间。

5.1.3 装配模块的切换

切换装配工具栏可以通过【应用模块】进行各种模块的切换，【装配】工具条如图5-1所示。

图5-1 【装配】工具条

5.1.4 引用集

引用集是.prt文件中被命名的部分数据，这部分数据是要装入装配中的数据。例如，一个【部件组件】除了实体图形外，可能还有基准、草图、曲线等，而在装配时只需要实体对象，则用户就可以定义一个引用集，从而减少装配件中的数据。引用集一旦建立，就可以单独被装入装配件中。引用集可以包括名字、原点和方位、几何图形、坐标系、基准、属性等。

> **技巧提示**：1. 建立的引用集属于当前的工作部件，一个部件文件中的引用集数目没有限制，引用集附属于这一部件文件；2. 不同的部件文件引用集可以同名，因此可以根据实际情况进行设置。

1. 默认的引用集

默认的引用集有两个，一个是整个部件，还有一个是空集。整个部件包括了全部几何数据，如果在装配时不选择其他引用集，则默认为整个部件；空集是不含任何几何数据的引用集，当部件以空集形式添加到装配中时，在装配中看不到该部件。

2. 建立引用集

建立的引用集属于当前的工作部件，在主菜单选择【格式】|【引用集】，系统弹出【引用集】对话框，如图 5-2 所示。

图 5-2　【引用集】对话框

3. 引用集建立的步骤

↳ 在【引用集】对话框中单击【添加新的引用集】图标 按钮，接着在【引用集名称】文本框中输入引用集的名称，如 body、solid 或中文等。

↳ 在作图区选择一工作部件为要引用的对象，然后单击 关闭 按钮完成引用集创建。

> **技巧提示**：建立引用集不会影响到部件的显示，只有当把部件装到装配件中并且使用了这个引用集，部件在装配件中的显示才会改变。

5.1.5　装配导航器

【装配导航器】是一个窗口，可在层次结构树中显示装配结构、组件属性以及成员组件间的约束。使用【装配导航器】可执行以下操作：

↳ 查看显示部件的装配结构。

↳ 将命令应用于特定组件。

↳ 通过将节点拖到不同的父项对结构进行编辑。

↳ 标识组件和选择组件。

【装配导航器】窗口如图 5-3 所示。

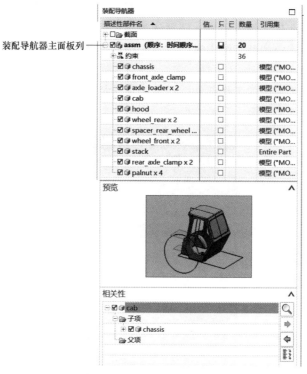

图 5-3 【装配导航器】窗口

1. 节点显示

在【装配导航器】窗口中，每个部件显示为一个节点。将鼠标指向节点并单击左键时，则在作图区系统将高亮显示该组件。如果部件是装配件或子装配件，则左侧还有一个 "+" 或 "–" 号表示。

2. 装配导航器图标

在【装配导航器】窗口中用一个或多个长方体表示，代表装配件中各个零件的装载状态：

（1）多个长方体：代表装配件或子装配件。如果图标显示为黄色，则此装配件为工作部件，如果图标是灰色，则表示装配为非工作部件。

（2）单个长方体：代表装配组件，即单个零件。图标显示与上述一样。

3. 选择组件

除了用对话框选择组件，也可以用【装配导航器】选择。可以用鼠标左键直接在【装配导航器】中选择组件，同时还可以利用组合键进行多重选择，如 Ctrl+左键、Shift+左键。

4. 快捷菜单

在【装配导航器】中，如果将鼠标放置在某一个组件或子装配件中，单击右键系统会弹出快捷菜单，如图 5-4 所示。快捷菜单与选择的组件有关，用户可以设置相关属性、布置等。

图 5-4 快捷菜单

5.1.6　装配约束

使用【装配约束】命令可定义组件在装配中的位置。NX 使用无向定位约束，这意味着任一组件都可以移动以求解约束。使用【装配约束】可以：

🡒 约束组件，让它们互相接触或互相对齐，同时接触对齐约束是最常用的约束。

🡒 指定组件已固定到位，指定组件固定在原位。保证其他移动的组件基于固定组件进行求解约束。

🡒 将两个或多个组件胶合在一起，以使它们一起移动。

🡒 定义组件中所选对象之间的最短距离。

在【装配】工具条中单击【装配约束】图标🖿按钮，系统弹出【装配约束】对话框，如图 5-5 所示。

用于选择装配约束的类型，包括接触对齐、同心、平行、垂直等10种

用于约束几何体的方位选择，包括首选接触、接触和对齐；同时不同的约束类型有不同的约束选项

图 5-5　【装配约束】对话框

1. 接触对齐

约束两个组件，使它们彼此接触或对齐，接触对齐是最常用的约束。

2. 同心

约束两个组件的圆形边或椭圆形边，以使中心重合，并使边的平面共面。

3. 距离

指定两个对象之间的最小 3D 距离。

4. 固定

将组件固定在其当前位置上。在需要隐含的静止对象时，固定约束会很有用，如果没有固定的节点，整个装配可以自由移动。

5. 平行

将两个对象的方向矢量定义为相互平行。

6. 垂直

将两个对象的方向矢量定义为相互垂直。

7. 拟合

将两个半径相等的圆柱面或锥形面靠拢，使圆柱面的线性公差为 0.1mm，锥形面的角度公差为 1°。如果以后半径变为不等，则该约束无效，拟合约束对于销或螺栓在孔中定位很有用。

8. 胶合

将组件"焊接"在一起,使它们作为刚体移动;胶合约束只能应用于组件,或组件和装配级的几何体,其他对象不可选。

9. 中心

使一对对象之间的一个或两个对象居中,或使一对对象沿另一个对象居中。

10. 角度

定义两个对象间的角度尺寸。

5.1.7 自底向上装配

自底向上装配的设计方法是常用的装配方法,即先设计装配中的零部件,再将零部件添加到装配中,自底向上逐级地进行装配。采用自底向上装配方法,组件的定位方法有两种,即绝对坐标定位方法和配对定位方法。通常,第一个组件常采用绝对坐标定位方法添加,其余组件采用约束定位方法添加。配对定位方法的优点是部件修改后,装配关系不会改变。

5.1.8 装配爆炸视图

爆炸图是将建立配对条件的装配件沿指定的方向拆开,即离开组件实际的装配位置,而清楚地显示装配或子装配中各组件的装配关系,以及所包含的组件数。爆炸图常用于产品的说明书中,用于说明某一部分的装配结构。

5.2 自底向上装配实例剖析

实例 1 门叶装配

步骤 1:运行 NX12.0 软件。

步骤 2:在菜单中选择【文件】|【新建】命令,或单击工具栏的【新建】图标 按钮,系统将弹出【新建】对话框,接着在名称文本框中输入"门叶",其他参数按系统默认,单击 确定 按钮进入 NX 建模环境。

步骤 3:在【组件】工具条中单击【添加组件】图标 按钮,系统弹出【添加组件】对话框,如图 5-6 所示。

↘ 在要放置的部件 ∧ 卷展栏选项单击【打开】图标 按钮,系统弹出【部件名】对话框,接着找到练习文件夹 ch5│door,然后选择 1.prt,最后单击 OK 按钮,系统返回【添加组件】对话框,单击鼠标中键,接着在作图区选择 XY 平面为对齐对象,此时在右下角多了个【组件预览】窗口,如图 5-7 所示;接着单击 应用 按钮,系统弹出【创建固定约束】警告,如图 5-8 所示。

↘ 在此直接单击 是(Y) 按钮,完成第一个组件加载,结果如图 5-9 所示。

步骤 4:选择 2.prt,然后单击 OK 按钮,系统返回【添加组件】对话框,单击鼠标中键,接着在作图区选择任一位置放置组件 2。

图 5-6　【添加组件】对话框

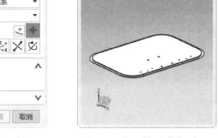

图 5-7　【组件预览】窗口

图 5-8　【创建固定约束】对话框

图 5-9　组件添加结果

　　➘在放置▲卷展栏选项中点选◉约束选项，系统显示【约束类型】选项，如图 5-10 所示。接着在【组件预览】窗口选取组件最底面，在作图区选取组件 1 表面，操作过程如图 5-11 所示。

图 5-10　装配约束选项

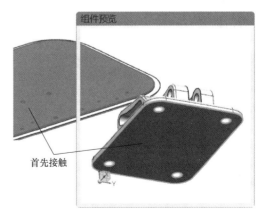

图 5-11　装配约束面选择

➥ 在【方位】下拉选项选择 自动判断中心/轴 选项，接着按图 5-12 所示进行中心/轴操作，单击 应用 按钮，完成组件 2 添加，结果如图 5-13 所示。

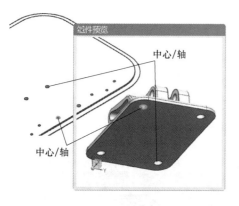

图 5-12　装配约束中心/轴操作

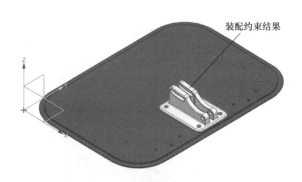

图 5-13　添加约束加载结果

步骤 5：重复步骤 3、4 操作添加第 3 组件操作，并按如图 5-14 所示添加配对条件。

步骤 6：重复步骤 3、4 操作添加第 4 组件操作，并按如图 5-15 所示添加配对条件结果如图 5-16 所示。

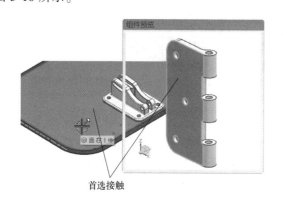

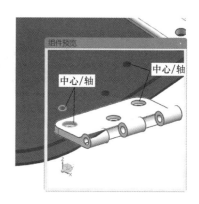

图 5-14　组件 3 配对条件操作过程

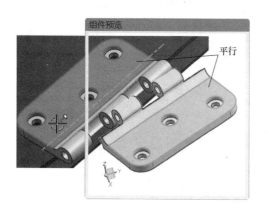

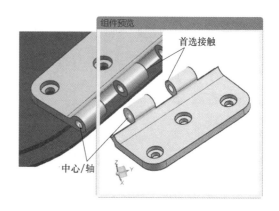

图 5-15　组件 4 配对条件操作过程

步骤 7：在主菜单工具栏中选择【装配】|【组件】|【镜像装配】命令，或在【组件】工具条中单击【镜像装配】图标 按钮，系统弹出【镜像装配向导】对话框，如图 5-17 所示。

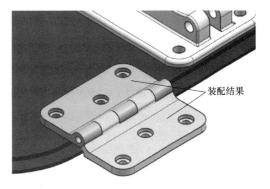

图 5-16　组件 3 和 4 装配结果

在【镜像装配向导】对话框中单击 下一步> 按钮，接着在作图区选取组件 3 和组件 4 作为镜像对象，单击 下一步> 按钮。然后在【镜像装配向导】对话框中单击【基准平面】图标 按钮，系统弹出【基准平面】对话框。

在作图区选择组件 2 中的左右两个面为基准平面的对称面，单击 <确定> 按钮完成基准平面的创建，结果如图 5-18 所示；接着在【镜像装配向导】对话框中连续单击三次 下一步> 按钮，最后单击 完成 按钮结束镜像装配操作，结果如图 5-19 所示。

图 5-17　【镜像装配向导】对话框

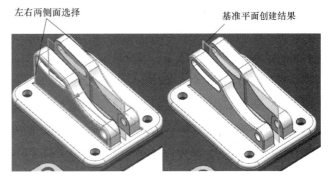

图 5-18　基准平面创建结果

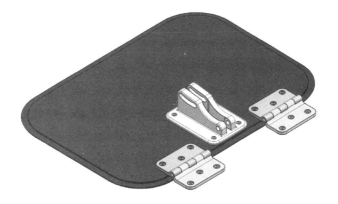

图 5-19　镜像装配结果

注意：如果镜像结果方向不对，则可以单击【循环重定位解算方案】图标 按钮来更改方向。

步骤8：重复步骤3、4操作添加第5组件操作，并按如图5-20所示添加配对条件。

注意：第5组件要添加2次。

步骤9：重复步骤3、4操作添加第6组件，并按如图5-21所示添加配对条件。

步骤10：重复步骤3、4操作添加第7组件，并按如图5-22所示添加配对条件，最终完成门叶装配操作，结果如图5-23所示。

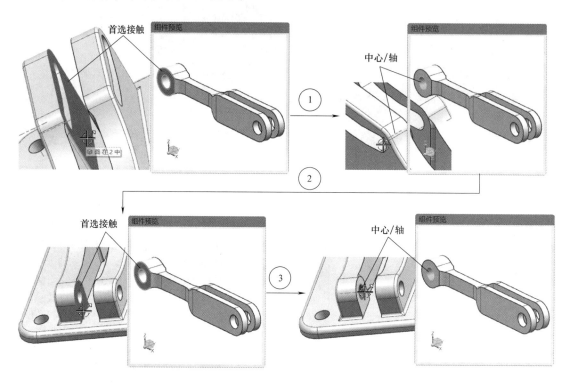

图5-20　组件5配对条件过程

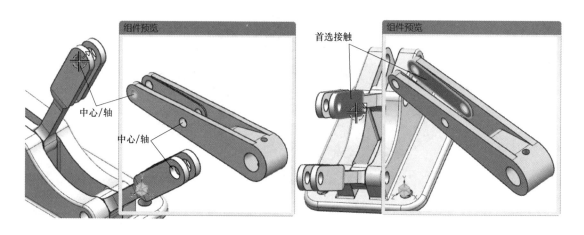

图5-21　组件6配对条件过程

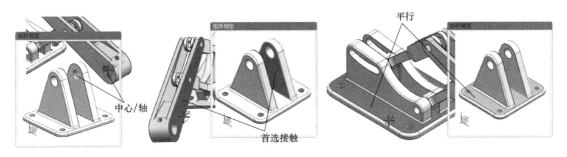

图 5-22　组件 7 配对过程

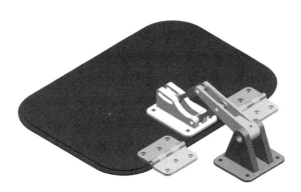

图 5-23　门叶装配结果

实例 2　MP3 爆炸

步骤 1：运行 NX12.0 软件。

步骤 2：在主菜单中选择【文件】|【打开】命令，或单击工具栏的【打开】图标 按钮，系统将弹出【打开】对话框，在此找到练习文件夹 ch5 | mp3 并选择 mp3. prt 文件，再单击 OK 按钮进入 NX 建模环境。

步骤 3：在【爆炸图】工具条中单击【爆炸图】图标 按钮，系统弹出【爆炸图】工具条，如图 5-24 所示。

步骤 4：在【爆炸图】工具条中单击【新建爆炸】图标 按钮，系统弹出【创建爆炸】对话框，如图 5-25 所示，接着在文本框中输入"爆炸图 1"，单击 确定 按钮完成创建爆炸图操作，同时【爆炸图】工具条中的其他选项激活。

图 5-24　【爆炸图】工具条

步骤 5：在【爆炸图】工具条中单击【编辑爆炸】图标 按钮，系统弹出【编辑爆炸】对话框，如图 5-26 所示。

➥ 在作图区选取上盖、显示屏、按钮组件为移动对象，接着在【编辑爆炸】对话框中单击◉ 移动对象 选项。

↘ 在作图区选取 Z 轴方向，然后按住鼠标左键不松动，直至移到一定距离松开。

↘ 在【编辑爆炸图】对话框中点选◉选择对象选项，然后按住 Shift 键+鼠标左键取消上盖，接着点选◉移动对象选项。

↘ 在作图区选取 Z 轴方向，然后按住鼠标左键不松动，直至移到一定距离松开，完成上半部分操作，结果如图 5-27 所示。

步骤 6：参考步骤 5 操作过程完成下盖移动，最终完成 MP3 爆炸操作，结果如图 5-28 所示。

图 5-25 【创建爆炸】对话框

图 5-26 【编辑爆炸】对话框

图 5-27 上部分爆炸结果

图 5-28 MP3 爆炸结果

技巧提示：爆炸方式有两种：自动与编辑，一般直接使用编辑去移动对象做爆炸过程。

5.3 自顶向下装配

自顶向下装配是指先设计产品的总体参数、外形轮廓尺寸及各个零部件的位置，然后做各个零部件的具体结构设计。其优点是：一些关键数据可以被控制和强制执行，便于实现并行工程；详细设计在概念设计并未全部完成就可以开始。

使用方法：

（1）先建立装配结构，然后在不同的组件中引用其他组件的几何体定义几何体。

（2）在装配件中建模，然后使用创建新组件的方法将几何体移动到新的组件中。

实例 3　自顶向下装配

装配示意图如图 5-29 所示。现有钳座、活动钳口、钳口板、螺钉、挡圈、螺母三维图档，还剩螺杆、螺钉需要按图样要求自行设计完成。零件尺寸如图 5-30 所示，要求装配完成后各组件间能进行无干涉运动。

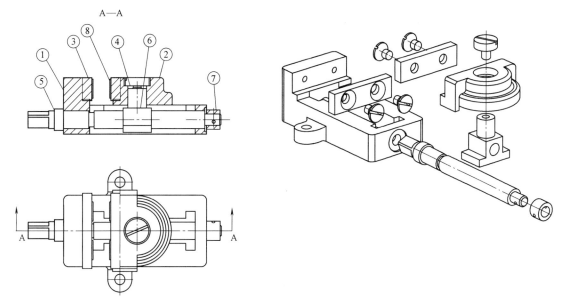

图 5-29　装配示意图

步骤 1：运行 NX12.0 软件。

步骤 2：在主菜单中选择【文件】|【新建】命令，或单击工具栏的【新建】图标 按钮，系统将弹出【新建】对话框，接着在名称文本框中输入"assm"，其他参数按系统默认，单击 确定 按钮进入建模环境。

步骤 3：在【组件】工具条中单击【添加组件】图标 按钮，系统弹出【添加组件】对话框，如图 5-6 所示。

➥ 在要放置的部件 ∧ 卷展栏选项单击【打开】图标 按钮，系统弹出【部件名】对话框，接着找到练习文件夹 ch5|虎钳，然后选择 1.prt，最后单击 OK 按钮系统返回【添加组件】对话框，单击鼠标中键，接着在作图区选择 XY 平面为对齐对象，此时在右下角多了个【组件预览】窗口；接着单击 应用 按钮，系统弹出【创建固定约束】警告，在此直接单击 是(Y) 按钮，完成第一个组件加载，结果如图 5-31 所示。

步骤 4：选择 2.prt，然后单击 OK 按钮系统返回【添加组件】对话框，单击鼠标中键，接着在作图区选择任一位置放置组件 2。

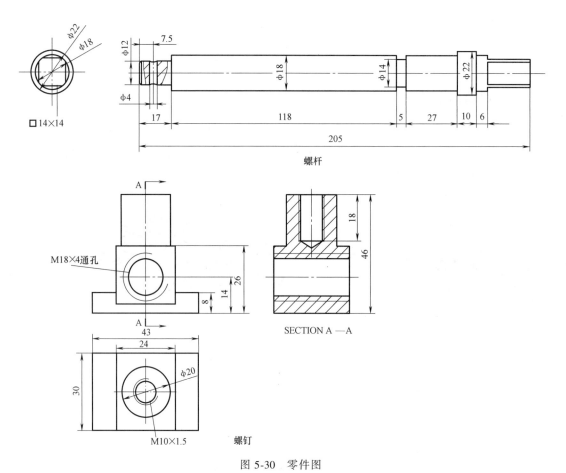

图 5-30 零件图

图 5-31 钳座加载结果

　　➦ 在放置∧卷展栏选项中点选◉约束选项，系统显示【约束类型】选项，接着在组件预览窗口选取组件 2 最底面，在作图区选取组件 1 表面，操作过程如图 5-32 所示。

　　➦ 利用【距离】约束功能约束活动钳口放置位置，装配结果如图 5-33 所示。

　　步骤 5：利用步骤 3、4 的方法，完成组件 3、4、7、8 的创建，结果如图 5-34 所示。

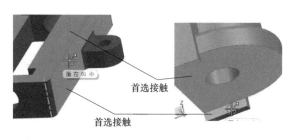

图 5-32 装配约束选择

　　步骤 6：新建组件名。

图 5-33 组件 2 装配结果

图 5-34 组件 3、4、7、8 装配结果

在【显示资源条】工具栏中单击【装配导航器】图标 按钮，系统显示【装配导航器】窗口。在【装配导航器】窗口空白处单击鼠标右键，系统弹出快捷菜单，接着勾选 ✔ WAVE 模式选项。将鼠标移至…✔ 📦 assm部件中，然后单击鼠标右键，系统弹出快捷菜单，接着选择【WAVE】|【新建层】，系统弹出【新建层】对话框，如图 5-35 所示。

↘ 在【部件名】文本框中输入"5"并按 Enter 键，同时单击 应用 按钮完成新级层创建；利用相同的方法完成 6 部件的创建，结果在【装配导航器】中显示，如图 5-36 所示。

图 5-35 【新建层】对话框

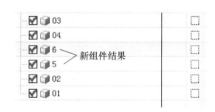

图 5-36 新建组件结果

步骤 7：创建组件 5 零件。

（1）在【装配导航器】窗口中双击 ✔ 📦 5部件为工作部件，在主菜单选择【插入】|【设计特征】|【圆柱体】或在【特征】工具条中单击【圆柱】图标 按钮，系统弹出【圆柱】对话框。在【直径】文本框中输入"18"，在【高度】文本框中输入"205"，坐标位置为（-38，0，15）（坐标位置要根据自己装配时各组件的定位来确定，这个坐标值不是唯一值），其余参数按系统默认，单击"确定"按钮完成圆柱创建，结果如图 5-37 所示。

（2）利用相同的方法，完成直径 22mm，高度 10mm 的圆柱，结果如图 5-38 所示。

（3）在主菜单中选择【插入】|【设计特征】|【旋转】命令，或在【特征】工具条中单击【旋转】图标 按钮，系统弹出【旋转】对话框。单击【表区域驱动】下拉菜单选项，接着单击【绘制截面】图标 按钮，系统弹出【创建草图】对话框，在**平面方法**下拉选项

图 5-37　圆柱创建结果

图 5-38　直径 22mm 圆柱创建结果

选择 新平面 ▼ 选项，然后过轴与象限点创建一基准平面，最后选择 X 轴为水平参考轴，单击 确定 按钮系统进入草图环境。

　　↘ 在草图环境中，利用草图工具完成如图 5-39 所示的图例及标注尺寸值和相关约束，然后在【草图组】工具条中单击 按钮，系统返回【旋转】对话框。

　　↘ 在作图区选择圆柱面为旋转轴，然后在【布尔】下拉选项选择 减去 ▼ 选项，其余参数按系统默认，单击< 确定 >按钮完成旋转创建，结果如图 5-40 所示。

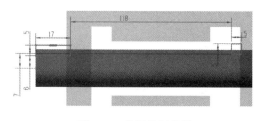

图 5-39　草图绘制结果

图 5-40　旋转切割结果

　　（4）在主菜单选择【插入】|【设计特征】|【拉伸】命令或在【特征】工具条中单击【拉伸】图标 按钮，系统弹出【拉伸】对话框。单击【表区域驱动】下拉菜单选项，接着单击【绘制截面】图标 按钮，系统弹出【创建草图】对话框，然后在作图区选择刚创建的平面作为草图平面，单击 确定 按钮进入草图环境。

　　↘ 利用草图的绘制、几何约束和尺寸标注完成草图创建，结果如图 5-41 所示。在【草图组】工具条中单击 按钮，系统返回【拉伸】对话框。

　　↘ 在【开始】下拉菜单选项中选择【对称值】选项，在【距离】文本框中输入"10"，在【布尔】下拉选项中选择 减去 ▼ 选项；其余参数按系统默认，单击< 确定 >按钮完成拉伸创建，结果如图 5-42 所示。

　　（5）在主菜单工具栏中选择【插入】|【设计特征】|【拉伸】命令，或在【特征】工具条中单击【拉伸】图标 按钮，系统弹出【拉伸】对话框。单击【表区域驱动】下拉菜

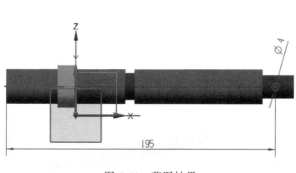

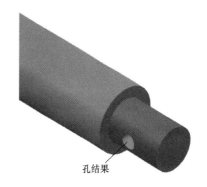

图 5-41　草图结果　　　　　　　　图 5-42　孔创建结果

单选项，接着单击【绘制截面】图标 按钮，系统弹出【创建草图】对话框，然后在作图区选择圆柱左侧的表面为草图平面，单击　确定　按钮进入草图环境。

　　利用草图的绘制、几何约束和尺寸标注完成草图创建，结果如图 5-43 所示。在【草图组】工具条中单击 按钮，系统返回【拉伸】对话框；

　　在【开始】下拉选项中选择【值】选项，在结束【距离】文本框中输入"22"，在【布尔】下拉选项中选择 减去 选项；其余参数按系统默认，单击 <确定> 按钮完成拉伸创建，结果如图 5-44 所示。（建模完成后可利用约束功能完成螺钉的约束操作）。

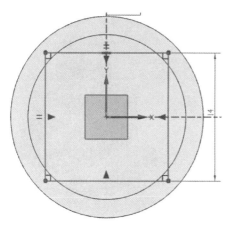

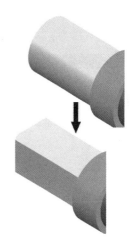

图 5-43　草图结果　　　　　　　　图 5-44　拉伸结果

步骤 8：创建组件 6 零件。

（1）在【装配导航器】窗口中双击 6 部件为工作部件，在主菜单工具栏中选择【插入】|【设计特征】|【拉伸】命令，或在【特征】工具条中单击【拉伸】图标 按钮，系统弹出【拉伸】对话框。单击【表区域驱动】下拉菜单选项，接着单击【绘制截面】图标 按钮，系统弹出【创建草图】对话框，然后在作图区选择台虎钳底座的右侧面为草图平面，单击　确定　按钮，进入草图环境。

　　利用草图的绘制、几何约束和尺寸标注完成草图创建，结果如图 5-45 所示。在【草图组】工具条中单击 按钮，系统返回【拉伸】对话框；

↘ 在【开始】下拉选项中选择【对称值】选项，在【距离】文本框中输入"15"，其余参数按系统默认，单击< 确定 >按钮完成拉伸创建，结果如图5-46所示。

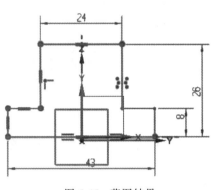

图5-45 草图结果

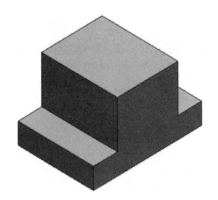

图5-46 拉伸结果

（2）在主菜单中选择【插入】|【设计特征】|【凸台】命令，或在【特征】工具条中单击【凸台】图标 按钮，系统弹出【支管】对话框，如图5-47所示。在作图区选择顶面为凸台放置面，在【直径】文本框中输入"20"，在【高度】文本框中输入"20"，单击 确定 按钮，系统弹出【定位】对话框，然后将凸台定位到顶面的中心，结果如图5-48所示。

图5-47 【支管】对话框

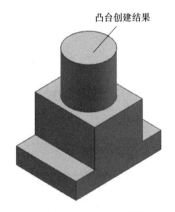

凸台创建结果

图5-48 凸台创建结果

技巧提示：在NX12.0版中，凸台将由凸起功能所代替，因此在第2章节中并没有介绍凸台功能的使用。

（3）在主菜单工具栏中选择【插入】|【设计特征】|【孔】命令，或在【特征】工具条中单击【孔】图标 按钮，系统弹出【孔】对话框。

↘ 在类型 下拉选项中选择 螺纹孔 选项，在位置 卷展栏处单击【绘制截面】图标 按钮，系统弹出【创建草图】对话框，接着在作图区选择右视图的表面为草图平面，其余参数按系统默认，单击 确定 按钮进入草图环境。

↘ 利用草图的绘制、几何约束和尺寸标注完成草图创建，结果如图 5-49 所示。在【草图组】工具条中单击 🏁 按钮，系统返回【孔】对话框；

↘ 接着单击设置 ∨ 卷展栏选项，在 **标准** 下拉选项选择 GB5796 ▾ 标准选项，然后在 **形状和尺寸** ∧ 卷展栏选项中的 **大小** 下拉选项选择 M18 X 4 ▾ 选项，其余参数按系统默认，单击 < 确定 > 按钮完成孔创建，结果如图 5-50 所示。

（4）利用相同方法，完成另一螺纹孔的创建，结果如图 5-51 所示（建模完成后可利用约束功能完成螺钉的约束操作）。

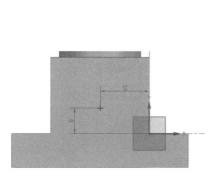

图 5-49　点位结果

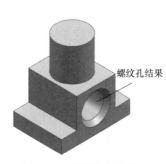

图 5-50　螺纹孔创建结果

图 5-51　组件 6 创建结果

步骤 9：装配图显示与爆炸图创建。

在【装配导航器】窗口中双击 ☑📦 assm 部件，同时勾选所有部件，装配结果显示如图 5-52 所示。在【爆炸图】工具条中单击【新建爆炸】图标 📷 按钮，系统弹出【新建爆炸】对话框，接着在文本框中输入"爆炸图"，单击 确定 按钮完成创建爆炸图操作，同时【爆炸图】工具条中的其他选项激活。

↘ 在【爆炸图】工具条中单击【编辑爆炸】图标 📷 按钮，系统弹出【编辑爆炸】对话框，然后按需要的要求完成爆炸视图编辑，结果如图 5-53 所示。

图 5-52　装配结果

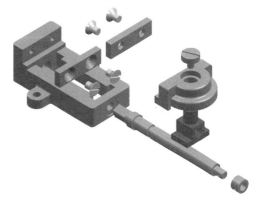

图 5-53　装配爆炸图结果

拓展练习

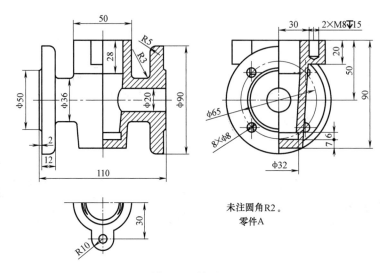

未注圆角R2。
零件A

图 5-54　练习 5-1

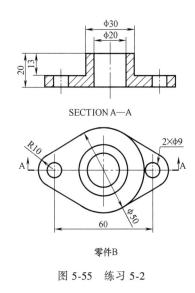

SECTION A—A

零件B

图 5-55　练习 5-2

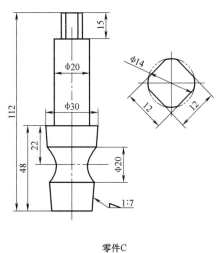

零件C

图 5-56　练习 5-3

第6章 工程制图与案例剖析

本章主要知识点:

- 工程制图概述与创建
- 常用剖视图的创建
- 常用图样页面的创建
- 基本参数设置
- 装配工程图创建

6.1 工程制图概述

制图应用模块的设计目的在于使自己可以直接利用 3D 模型或装配部件生成并保存符合行业标准的工程图样。在制图应用模块中创建的图样与模型完全关联,对模型所做的任何更改都会在图样中自动反映出来,这定义为基于模型的过程。制图应用模块还提供一组满足 2D 中心设计和布局要求的 2D 图样工具,可用于生成独立的 2D 图样,这定义为独立过程。

制图应用模块包括:

↪ 一个直观而使用方便的图形用户界面,界面上的各种自动化工具有助于快速而轻松地创建图样,整个制图过程中的即时屏显反馈有助于减少返工和编辑工作。

↪ 支持主要的国家和国际制图标准,包括 ANSI/ASME、ISO、DIN、JIS、GB 和 ESKD。

↪ 支持在基于模型的过程中创建部分和并发图样。用户可以选择是将制图详细信息直接保存在本部件中,还是保存在另一个与 3D 主模型完全关联的部件中,支持并行工程实践,使制图者的绘图工作和设计者的模型设计工作能够同时进行。

↪ 与模型完全关联的制图注释,随模型的更新而更新。

↪ 一组综合视图创建工具,支持所有视图类型的高级渲染、放置、关联及更新需求。

↪ 支持独立过程中的 2D 到 3D 工作流,可以使用在图样中创建的 2D 曲线数据派生 3D 模型。

↪ 制图功能的 NX Open 应用模块程序编程接口(API),支持开发用户和第三方定制应用模块程序。

↪ I-deas 图样(ASC/DWG)、DXF/DWG 数据和 IGES 数据的数据迁移。

6.1.1 制图模块的启动

进入软件建模环境后可以在【所有选项卡】工具条中单击【应用模块】|【制图】,系统弹出【工作表】对话框,如图 6-1 所示。在此可不做任何更改,单击 确定 按钮激活制图工具栏。

图 6-1　【工作表】对话框

6.1.2　图纸幅面和格式

在国家标准《技术制图图纸幅面及格式》（GB/T 14689—2008）中，规定了视图绘制图样时，应做优先表 6-1 中规定的图纸幅面尺寸，必要时允许选用加长幅面，加长了幅面的尺寸是基本幅面的长边不变，将其短边整数倍增长后得出。

表 6-1　图纸基本幅面及边框尺寸

基本幅面边框尺寸	A0	A1	A2	A3	A4
$B×L$	841×1189	549×841	420×549	297×420	210×297
e	20			10	
c	10			5	
a	25				

需要留装订边的图纸格式如图 6-2 所示，尺寸按表 6-1 的规定选取；不需要留装订边的图纸格式如图 6-3 所示，尺寸也是按表 6-1 的规定选取，图框线用粗实线绘制。

6.1.3　字体与投影角

1. 字体

在国家标准《机械工程 CAD 制图规则》（GB/T14665—2012）中，规定了机械工程的 CAD 制图所使用的汉字是长仿宋字体。其中汉字、数字和字母的字高是：A0 和 A1 为 5mm，

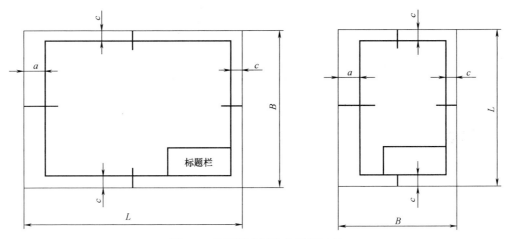

图 6-2　需要留装订边的图纸格式

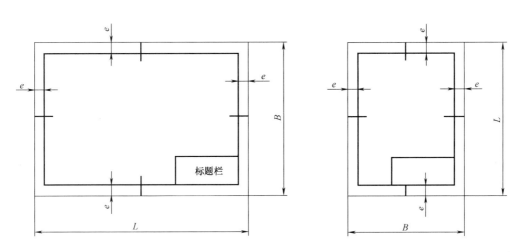

图 6-3　不需要留装订边图纸格式

A2、A3 和 A4 为 3.5mm；字宽一般为字高 $h/\sqrt{2}$ mm，字母和数字也可以写成斜体（与水平 75°）。

在 NX12.0 制图中，可以利用制图首选项完成字体、字高和字宽的设置，具体操作可按如下步骤：

➥ 选择文件的【首选项】|【制图】命令，系统弹出【制图首选项】对话框，如图 6-4 所示；接着在【制图首选项】对话框对【公共】选项、【尺寸】选项等进行字体、字高及字宽的设置，（在缺省情况下，NX 的字体是"blockfont"）。

图 6-4　【制图首选项】对话框

> **技巧提示**：建议将【公共】选项下的"尺寸、附加文本、公差、常规"选项中的字体都修改成仿宋体，字高3.5mm，宽高比0.7mm，字体间距0.7mm，行间距0.7mm，其中公差字高为1.75mm。

2. 投影角

根据国家标准《技术制图 投影法》（GB/T 14692—2008），绘制机械图样时应采用第一角投影法，随着国家制造业的发展和与国外企业的接触，慢慢也有企业在使用第三角投影法。

6.1.4 标题栏

标题栏一般由更改区、签字区、其他区、名称、代号等组成，如图6-5所示，同时也可以根据企业的要求进行自主调整和增删。但每张图纸上都必须画出标题栏，标题栏的格式和尺寸应按《技术制图 标题栏》（GB/T 10609—2008）的规定绘制。

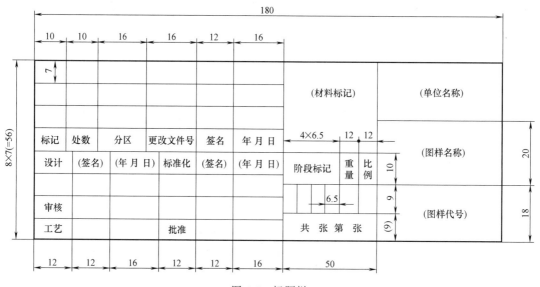

图6-5 标题栏

6.2 常用制图工具条简介

制图工具条包含了常用的制图的所有命令，我们可以使用一组与自己日常制图工作最相关的制图命令，进行定制工具条。

6.2.1 视图工具条

视图工具条选项用于添加所有视图样式，视图工具条如图6-6所示。

6.2.2 尺寸工具条

尺寸工具条提供的选项可用于创建所有尺寸类型，也可以利用定制功能，使其仅显示最

图 6-6　视图工具条

常用的尺寸标注类型。尺寸工具条如图 6-7 所示。

图 6-7　尺寸工具条

6.2.3　注释工具条

注释工具条提供的选项可用于添加或编辑符号、文本、剖面线、区域填充和光栅图像，还有一些命令可以使特征尺寸和草图尺寸实例继承到自己的图样中。注释工具条如图 6-8 所示。

6.2.4　制图编辑工具条

制图编辑工具条提供用于在对象操作模式或操作对象模式下编辑制图对象。在对象操作模式下，可以从图形窗口中选择对象，然后从工具条中选择相应的命令；在操作对象模式下，可以首先在工具条上选择命令，然后选择相应的对象。制图编辑工具条如图 6-9 所示。

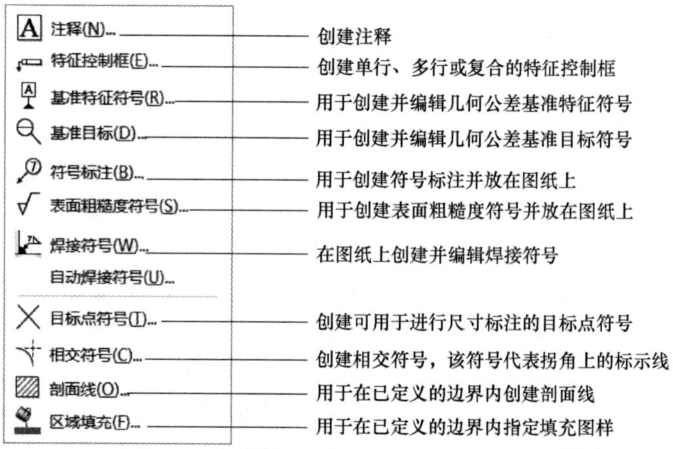

图 6-8   注释工具条

6.2.5   表工具条

表工具条提供的选项可用于创建并编辑零件明细表和表格注释，应用自动零件明细表标注，以及控制表格数据的导入和导出；不适用于特定元素的选项自动将不可用。表工具条如图 6-10 所示。

图 6-9   制图编辑工具条

图 6-10   表工具条

6.3　制图首选项

使用【制图首选项】命令来控制制图的默认行为，包括放置在图样上的视图，所有制图参数和 PMI 尺寸（三维尺寸）和注释。【制图首选项】对话框中的选项可用来：

- 设置工作流、图样和视图选项，以定制"制图"环境的交互。
- 控制制图视图的外观、更新方法、组件加载行为以及视觉特性。
- 控制制图注释和尺寸的格式以及保留的注释和尺寸的行为和外观。
- 控制表和零件明细表的格式。
- 设置制图自动化规则和自动图样默认条件。
- 多数首选项的初始设置是由用户默认设置控制的。

在主菜单选择【首选项】|【制图】，系统弹出【制图首选项】对话框，如图 6-4 所示。

6.3.1　常规/设置

【常规/设置】选项中包括【工作流程】、【保留的注释】、【欢迎页面】及【常规】四个选项卡。

1. 工作流程子选项

在【常规/设置】选项中单击【工作流程】选项卡，系统显示如图 6-11 所示的选项。

2. 保留的注释子选项

在【常规/设置】选项中单击【保留的注释】选项卡，系统显示如图 6-12 所示的选项。

3. 常规子选项

在【常规/设置】选项中单击【常规】选项卡，系统显示如图 6-13 所示的选项。

图 6-11　【工作流程】选项卡

图 6-12　【保留注释】选项卡

图 6-13　【标准】选项卡

6.3.2　公共选项卡

使用【公共】选项卡可设置"文字、直线箭头、符号及前缀和后缀"等选项。

1. 文字子选项

在【公共】选项中单击【文字】选项卡，系统显示如图 6-14 所示的选项，包括【对齐】、【文本参数】、【公差框】和【符号】四个选项。

➥【对齐】用于在图样上对齐和放置文本，对齐位置有九种选项，文本放置有三种选项。

➥【文本参数】选项用于设置字体、字高、字体颜色、宽高比等。

➥【公差框】选项是将形位公差框的高度指定为文本高度。

➥【符号】选项是设置符号字体的样式。

2. 直线/箭头子选项

在【公共】选项中单击【直线/箭头】选项卡，系统显示如图 6-15 所示的选项，包括【箭头】、【箭头线】、【延伸线】、【断开】及【透视缩短符号】五个选项。

图 6-14 【文字】选项卡

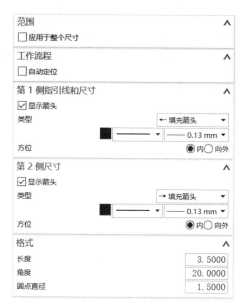

图 6-15 【直线/箭头】选项卡

3. 层叠子选项

在【公共】选项中单击【层叠】选项卡，系统显示如图 6-16 所示的选项，包括【水平】、【竖直】及【继承】三个选项。

➥【水平】选项用于设置前、后间隙因子，同时设置指定添加到堆叠中的对象从上到下的对齐设置。

➥【竖直】选项用于设置上、下间隙因子，同时设置指定添加到堆叠中的对象从左到右的对齐设置。

➥【继承】是将注释添加到层叠中以自动继承层叠的关联对象（仅对 PMI 对象可包含关联对象）。

4. 前缀/后缀子选项

在【公共】选项中单击【前缀/后缀】子选项卡，系统显示如图 6-17 所示的选项，包括【半径尺寸】、【线性尺寸】、【倒斜角尺寸】、【孔标注】、【表单元格】及【零件明细表】六个选项。

图 6-16 【层叠】选项卡

图 6-17 【前缀/后缀】子选项卡

6.3.3 图样格式选项卡

可以为图样中单独的图纸页指派一个主要编号或字符和一个次要编号或字符。图纸页编号包含主索引、紧跟分隔符和二级索引，例如 1/A，【图纸格式】选项卡包括【图纸页】、【边界和区域】及【标题块】三个选项。【图纸页】选项卡如图 6-18 所示，【边界和区域】选项卡展开后如图 6-19 所示。

图 6-18 【图纸页】选项卡

6.3.4 视图选项卡

使用【视图】选项卡包括【工作流程】、【公共】、【基本/图纸】、【投影】、【表区域驱动】、【详细】、【展平图样】、【截面线】及【断开】九个选项。

1. 工作流程子选项

【工作流程】选项卡如图 6-20 所示，此选项卡可供用户执行以下操作：

↳ 设置原有轻量级视图中组件的加载行为，控制视图边界的显示时间及其颜色。

↳ 启用关联视图对齐，控制已抽取边的面曲线在视图中的显示方式。

↳ 设置视图的视觉特性和定义渲染集。

用于在新建[边界和区域]时设置默认方法

用于设置[边界和区域]是否在图样部件中显示边界

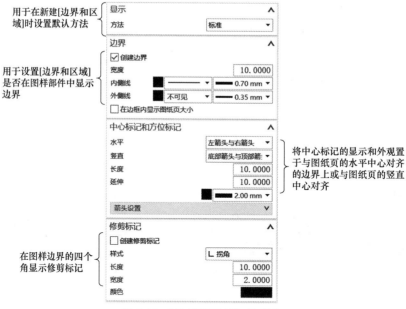

将中心标记的显示和外观置于与图纸页的水平中心对齐的边界上或与图纸页的竖直中心对齐

在图样边界的四个角显示修剪标记

图 6-19 【边界和区域】选项卡

➥ 为用作大型装配，应定义一个部件中所必须包含的最少组件数。

用于设置视图中是否显示边界、边界的颜色等

可以在父视图和派生视图之间创建关联对齐，以便在移动某个视图时，其他视图与其保持对齐

用于轻量级图纸视图的显示处理

图 6-20 【工作流程】选项卡

2. 公共子选项卡

【视图】选项卡中的【公共】子选项卡代替了旧版本的【视图首选项】，图 6-21 为旧版本的【视图首选项】，【公共】子选项卡以图 6-22 所示出现。

（1）隐藏线 【隐藏线】选项卡用于控制基于视图方位被几何体遮挡的边和曲线的显示方式。从现有视图（称为父视图）创建的任何视图将自动继承父视图的隐藏线设置，与

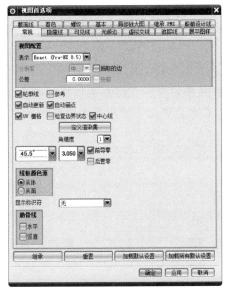

图 6-21 【视图首选项】

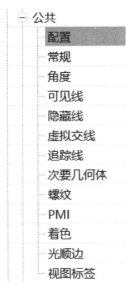

图 6-22 【公共】子选项卡

【视图样式】或【视图首选项】对话框中隐藏线选项的设置无关，但在视图创建后，用户可以使用【视图样式】对话框更改其隐藏线显示，【隐藏线】选项卡如图 6-23 所示。

（2）光顺边 【光顺边】选项卡控制其相邻面具有相同切边的两个曲面相交而产生的边显示。也可用于控制光顺边端点处可见缝隙的显示，缝隙的长度以图样单位表示，并由端点缝隙框中设置的值决定，【光顺边】选项卡如图 6-24 所示。

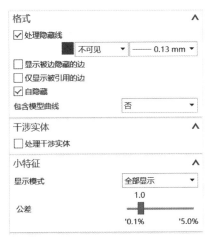

图 6-23 【隐藏线】选项卡

图 6-24 【光顺边】选项卡

（3）着色 使用【着色】选项卡选项可将制图中的视图以着色模式显示。着色视图支持的功能与线框视图支持的功能完全相同，包括了可见线、隐藏线、轮廓线以及独特视图方位的显示和控制，但不支持旋转剖视图和展开剖视图的着色，【着色】选项卡如图 6-25 所示。

（4）螺纹 通过【螺纹】选项可以在制图视图中创建内、外螺纹的 ANSI、ISO 和 ES-KD 螺纹表示，这些表示是根据"建模"应用模块中创建的符号螺纹特征进行渲染。"制图"中显示螺纹所用的标准为 ANSI Y14.6—1978、ISO 6410-1—1993 和 ESKD。

【螺纹】选项卡如图6-26所示，在制图中，以下视图适合螺纹显示：

⮡ 当截面线与螺纹面相交，接近该螺纹面中心（它们之间距离在螺纹面直径的百分之五范围内）时，符号螺纹将只显示在剖视图中。

⮡ NX支持所有渲染选项的端视图和侧视图方位，对于非正交螺纹的方位（例如正等测图和正二测图），NX仅支持非剖视图中的"ANSI/简化的"和"ISO/简化的"渲染。

⮡ 当螺纹为锥形时，通常以名义角度（3°）显示，这意味着所显示的螺纹是以与螺纹面的轴相差大约3°而拔锥的。

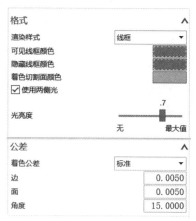

图6-25 【着色】选项卡

图6-26 【螺纹】选项卡

3. 断开子选项

使用【断开】选项卡上的选项可设置断开视图的默认行为和显示，【断开】选项卡如图6-27所示。使用此选项卡可执行以下操作：

⮡ 设置一个选项，允许在投影视图和剖视图中包含父视图中的断开视图。

⮡ 控制是否在视图中显示视图断裂线。

⮡ 控制断裂线的默认外观。

4. 尺寸子选项

使用【尺寸】选项卡可设置尺寸注释的常规属性，如设置尺寸文本和箭头的方位和放置行为、控制尺寸标注延伸线和指引线的外观等。【尺寸】选项卡如图6-28所示。

图6-27 【断开】选项卡

图6-28 【尺寸】选项卡

> **技巧提示：** 1. 在尺寸选项中一般需要设置尺寸的放置、精度和公差、窄边尺寸等。
> 2.【制图首选项】命令中还有很多子选项，读者可以自行进行设置。

6.4　技术要求

在图样上，尺寸并不能完全反映对零件的全面要求，还需要有技术要求，以便对零件做全面说明。一般技术要求主要包括：标注表面粗糙度，标注重要尺寸的上、下极限偏差及表面的形状和位置公差；标写零件的特殊加工、检验和试验要求；标写材料和热处理项目要求；标写装配、调试、运输和安装等所需遵循的技术规范。

图样上的各项技术要求，应按国家标准规定的，将各种符号、代号标注在图形上。对无法在图形上标注的内容，可用文字分条写在图样下方或两边的空白处。

6.4.1　文本输入

在有的零件图样里，有的技术要求要文字说明，这就需要用户在出图时进行文本输入。文本的输入可通过【注释】对话框进行建立和修改。在主菜单中选择【插入】|【注释】|【注释】命令或在【注释】工具条中单击【注释】图标 **A** 按钮，系统弹出【注释】对话框，如图 6-29 所示。

图 6-29　【注释】对话框

6.4.2　形位公差符号

形位公差符号是通过注释对话框进行建立和修改。在主菜单中选择【插入】|【注释】|【注释】命令或在【注释】工具条中单击【注释】图标 **A** 按钮，系统弹出【注释】对话框，

UG NX12.0 基础教程与案例精解

如图 6-29 所示。在【注释】对话框中单击 **符号 ∨** 下拉选项，系统弹出相关符号栏，接着在【类别】下拉选项选择 **形位公差 ▼** 选项，系统弹出【形位公差】符号栏，如图 6-30 所示。

图 6-30 【形位公差】符号栏

6.4.3 表面粗糙度

【表面粗糙度】命令能创建各种表面粗糙度符号，在主菜单中选择【插入】|【注释】|【表面粗糙度符号】命令或在【注释】工具条中单击【表面粗糙度符号】图标 √ 按钮，系统弹出【表面粗糙度】对话框，如图 6-31 所示。

图 6-31 【表面粗糙度】对话框

172

6.4.4　焊接符号

使用【焊接符号】命令可在公制和英制部件及图样中创建各种焊接符号，焊接符号属于关联性符号，在模型发生变化或标记为过时时会重新放置。同时用户可以编辑焊接符号属性，如文本大小、字体、比例和箭头尺寸。在主菜单中选择【插入】|【注释】|【焊接符号】命令，或在【注释】工具条中单击【焊接符号】图标 按钮，系统弹出【焊接符号】对话框，如图 6-32 所示。

图 6-32　【焊接符号】对话框

6.5　常用剖视图案例剖析

实例 1　简单剖与阶梯剖

步骤 1：运行 NX12.0 软件。

步骤 2：在菜单中选择【文件】|【打开】命令，或单击工具栏的【打开】图标 按钮，系统将弹出【打开】对话框，在此找到练习文件夹 ch6 并选择 "简单剖与阶梯剖" 文件，再单击 OK 按钮进入 NX 制图环境。

步骤 3：创建简单剖。

↳ 在【视图】工具栏中单击【剖视图】图标 按钮，系统弹出【剖视图】对话框，如图 6-33 所示；接着在制图区选取一剖切点，然后将视图往上放置并单击左键，简单剖创建结果如图 6-34 所示。

步骤 4：创建阶梯剖。

↳ 在制图区选取最顶部圆的圆心为剖切起点，系统弹至【视图原点】卷展栏选项，接着再次返回【截面线段】卷展栏选项，单击 指定位置 (5) 选项，接着选取中间部位圆的圆心为剖切第二点，然后选取最底部的圆心。

➘ 在【剖视图】选项中单击【视图原点】卷展栏选项，并单击 指定位置 图标 按钮，然后将视图放置在左边视图，结果如图6-35所示。

步骤5：在菜单中选择【文件】|【保存】命令，完成简单剖与阶梯剖操作，结果如图6-36所示。

图6-33 【剖视图】对话框

SECTION A—A

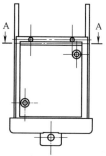

图6-34 简单剖创建结果

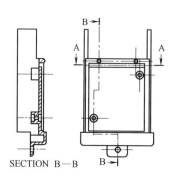

图6-35 阶梯剖结果

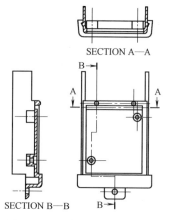

图6-36 简单剖与阶梯剖结果

实例 2 半剖与旋转剖

步骤 1：运行 NX12.0 软件。

步骤 2：在主菜单中选择【文件】|【打开】命令，或单击工具栏的【打开】图标 按钮，系统将弹出【打开】对话框，在此找到练习文件夹 ch6 并选择半剖与旋转剖文件，再单击 OK 按钮进入 NX 制图环境。

步骤 3：创建半剖。

➥ 在【视图】工具栏中单击剖【视图】图标 按钮，系统弹出【剖视图】对话框，如图 6-33 所示；在【截面线】卷展栏中的【方法】下拉选项选择 半剖 选项，接着在制图区选取圆心位置为截面线段位置，然后将视图往左放置并单击左键，半剖创建结果如图 6-37 所示。

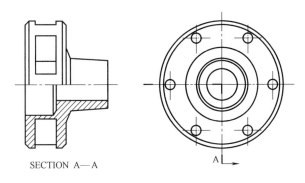

SECTION A—A

图 6-37 半剖视图结果

步骤 4：创建旋转剖

➥ 在【视图】工具栏中单击【剖视图】图标 按钮，系统弹出【剖视图】对话框，如图 6-33 所示；在【截面线】卷展栏中的【方法】下拉选项选择 旋转 选项，接着在制图区选取中心圆的圆心为旋转点。

➥ 在制图区选取左下角小圆圆心为指定支线 1 位置，接着在制图区选取中间圆的圆心为指定支线 2 位置，系统弹至【视图原点】卷展栏选项，接着再次返回【截面线段】卷展栏选项，单击✔ 指定支线 2 位置 (2)选项，然后选取右上角小圆圆心为剖切第三点。

➥ 在【剖视图】选项中单击【视图原点】卷展栏选项，并单击 指定位置 图标 按钮，然后将视图放置在俯视上，结果如图 6-38 所示。

步骤 5：在主菜单中选择【文件】|【保存】命令，完成半剖与旋转剖操作，结果如图 6-39 所示。

实例 3 局部剖与局部放大图

步骤 1：运行 NX12.0 软件。

步骤 2：在主菜单中选择【文件】|【打开】命令，或单击工具栏的【打开】图标 按钮，系统将弹出【打开】对话框，在此找到练习文件夹 ch6 并选择"局部剖与局部放大图"

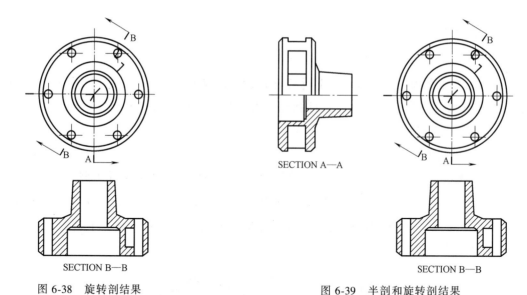

图 6-38　旋转剖结果　　　　　　　　　图 6-39　半剖和旋转剖结果

文件，再单击 OK 按钮进入 NX 制图环境。

步骤 3：创建局部剖。

→ 在主视图中单击右键，系统弹出快捷选项栏，如图 6-40 所示，接着选取【扩大】选项，系统进入扩大模式。

→ 在主菜单中选择【插入】|【曲线/点】|【矩形】命令，或在【曲线】工具条单击【矩形】图标 按钮，系统弹出【矩形】对话框，接着在展开对象中选取顶部圆心为矩形起点，在右下角选取一点为终点，单击 确定 按钮，完成矩形创建，结果如图 6-41 所示；在扩大对象中单击右键，系统弹出快捷选项栏，如图 6-40 所示，接着选取【扩大】选项，退出扩大模式。

→ 在【视图】工具栏中单击【局部剖】视图图标 按钮，系统弹出【局部剖】对话框，如图 6-42 所示。接着在制图区选择当前视图为要生成的局部剖视图，系统跳到【指出基点】选项，然后在制图区选取右侧的圆心为基点，单击选择【曲线】图标 按钮，最后选取图 6-41 所示的矩形为边界线，其余参数按系统默认，单击 应用 按钮完成局部剖操作，结果如图 6-43 所示。

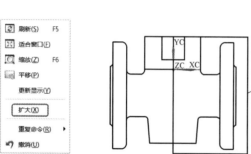

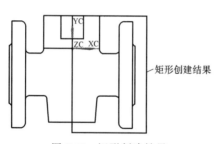

图 6-40　快捷选项栏　　　图 6-41　矩形创建结果　　　图 6-42　【局部剖】对话框

步骤 4：创建局部放大。

➷在【视图】工具栏中单击【局部放大图】图标 按钮，系统弹出【局部放大图】对话框，如图 6-44 所示；在制图区选取右上角圆弧为局部放大对象，接着在【比例】卷展栏选项中选取比例为 5∶1，然后在制图区选定放置位置单击完成局部放大视图操作，结果如图 6-45 所示。

步骤 5：选择菜单的【文件】|【保存】命令，完成局部剖与局部放大图操作，结果如图 6-46 所示。

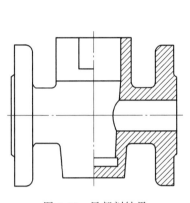

图 6-43　局部剖结果

图 6-44　【局部放大图】对话框

图 6-45　局部放大图结果

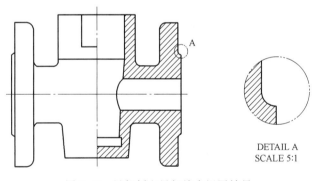

图 6-46　局部剖和局部放大视图结果

6.6　工程图综合案例剖析

工程图是表达某个产品（零件）的图样，也是在制造和检验成品（机械零件）时用的图样，又称产品（零件）工程图。在生产过程中，根据产品（零件）图样和技术要求进行生产准备、加工制造及检验。因此，它是指导生产的重要技术文件。一张完整的产品（零件）图，一般应包括如下四个方面内容：

1. 产品（零件）的图形

产品（零件）的图样应该有必要的视图、剖视图、剖面图及其他规定的画法，能正确、完整、清晰地表达产品（零件）各部分的形状和结构。

2. 产品（零件）的尺寸

在产品（零件）图上应正确、完整、清晰、合理地标注产品（零件）制造、检验时所需要的全部尺寸。标注的尺寸要符合设计要求（满足使用性能）和工艺要求（满足加工和检验要求）。要想达到上述两点要求，标注尺寸时必须遵循下述原则：正确选择标注尺寸的起点，即尺寸基准；正确使用标注尺寸的形式。

3. 技术要求

用符号标注或文字说明产品（零件）在制造、检验、装配、调整过程中应达到的各项技术要求，如表面粗糙度、尺寸公差、形位公差（几何公差）、热处理要求等。

4. 标题栏

说明产品（零件）的名称、材料、数量、比例，以及制图、审核者的姓名等内容。

6.6.1　工程图综合案例剖析一

步骤1：运行NX12.0软件。

步骤2：在主菜单中选择【文件】|【打开】命令，或单击工具栏的【打开】图标 按钮，系统将弹出【打开】对话框，在此找到练习文件夹ch6并选择"综合案例1"文件，再单击 OK 按钮进入NX建模环境。

步骤3：启用制图模块。

在【所有选项卡】工具条中单击【应用模块】|【制图】激活制图工具栏。在【图纸页】工具条中单击【新建图纸页】图标 按钮，系统弹出【工作表】对话框。

在【大小】卷展栏选项中选择 ● 标准尺寸 选项，接着在【大小】下拉选项选择 A1 - 594 x 841 ▼ 选项，然后在【投影】选项中选择第三角投影 选项，其余参数按系统默认，单击 确定 按钮完成图纸页设置。

步骤4：在【制图】工具栏中单击【基本视图】图标 按钮，系统弹出【基本视图】对话框，如图6-47所示。在此不做任何更改，接着在制图区选择一合适位置为俯视图放置位置，创建结果如图6-48所示；然后往右边拖动创建右视图，结果如图6-49所示。

图6-47　【基本视图】对话框

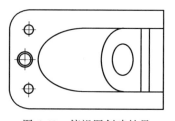

图6-48　俯视图创建结果

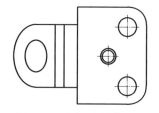

图6-49　右视图创建结果

步骤 5：创建简单剖视图。

在【视图】工具栏中单击【剖视图】图标 按钮，系统弹出【剖视图】对话框，如图 6-33 所示；接着选择左侧的沉头孔心为剖切点，然后将视图往下拖动，完成简单剖视图创建，结果如图 6-50 所示。

步骤 6：创建向视图。

在制图区选择剖视图为主视图，接着在【制图】工具栏中单击【投影视图】图标 按钮，系统弹出【投影视图】对话框，如图 6-51 所示。然后沿斜线垂直方向拖动，创建结果如图 6-52 所示。

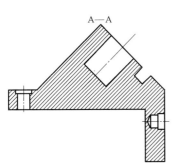

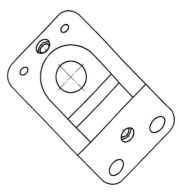

图 6-50　简单剖创建结果　　图 6-51　【投影视图】对话框　　图 6-52　向视图创建结果

由于向视图主要想表达半圆和孔的对象，所以在向视图中只要显示这两个对象即可，具体可按如下操作：

➥ 在主菜单中选择【编辑】|【视图】|【视图相关编辑】命令，系统将弹出【视图相关编辑】对话框，如图 6-53 所示。

➥ 在制图区选择向视图为要编辑的视图，接着在【视图相关编辑】对话框单击擦除对象按钮 ，然后在向视图擦除不需要的对象，结果如图 6-54 所示。

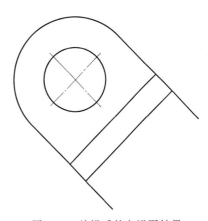

图 6-53　【视图相关编辑】对话框　　　　图 6-54　编辑后的向视图结果

步骤7：尺寸标注。

在【尺寸】工具栏中单击【快速】图标 ⚡ 按钮，系统弹出【快速尺寸】对话框，如图 6-55 所示。接着在俯视图标注相关尺寸，结果如图 6-56 所示；利用相同的方法，完成其他视图的创建，结果如图 6-57 所示。

图 6-55 【快速尺寸】对话框

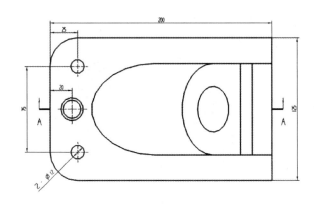

图 6-56 俯视图尺寸标注结果

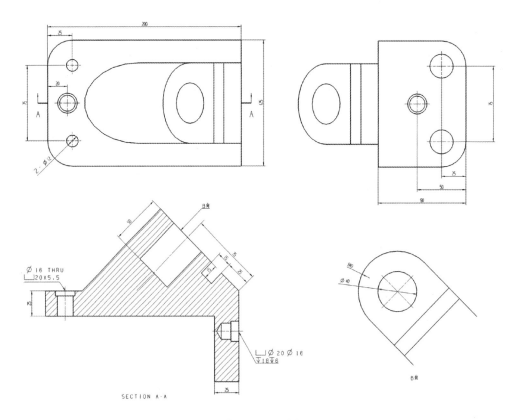

图 6-57 各个视图尺寸标注结果

步骤 8：创建表面粗糙度和形位公差

1. 表面粗糙度创建

在主菜单选择【插入】|【注释】|【表面粗糙度符号】命令，或在【注释】工具条中单击【表面粗糙度符号】图标 √ 按钮，系统弹出【表面粗糙度】对话框。

➥ 在【移除】下拉选项选择 √需要除料▼ 选项，接着在【下部文本】文本框中输入"12.5"，然后在俯视图的顶部边界处单击左键，结果如图 6-58 所示。

2. 形位公差创建

在主菜单选择【插入】|【注释】|【注释】命令，或在【注释】工具条中单击【注释】图标 A 按钮，系统弹出【注释】对话框。在【注释】对话框中单击【符号】卷展栏选项，系统弹出相关符号栏，接着在【类别】下拉选项选择 形位公差▼ 选项，系统弹出【形位公差】符号栏。

➥ 在【形位公差】符号栏中单击【插入框分格线】图标 | 按钮，接着再单击【插入平行度】图标 // 按钮，然后在【文本输入】卷展栏的文本框中输入"0.15"，最后在【形位公差】符号栏中单击【插入基准 A】图标 A 按钮，完成形位公差的设置。

➥ 在制图区选择内侧边为形位公差引线边界，接着将其拖至适当位置，创建结果如图 6-59 所示。

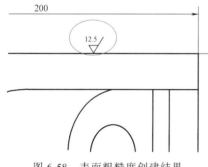

图 6-58　表面粗糙度创建结果

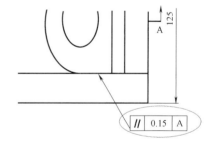

图 6-59　形位公差创建结果

3. 创建基准特征符号

在主菜单中选择【插入】|【注释】|【基准特征符号】命令，或在【注释】工具条中单击【基准特征符号】图标 A 按钮，系统弹出【基准特征符号】对话框，如图 6-60 所示。

➥ 在制图区选择俯视图的最底边为形位公差的参数基准边，接着按拉鼠标拖至适当位置，结果如图 6-61 所示。

步骤 9：利用【注释】命令完成技术要求编写，结果如图 6-62 所示。

步骤 10：导入模板标题栏。

在主菜单中选择【文件】|【导入】|【部件】命令，系统弹出【导入部件】对话框，如图 6-63 所示。

➥ 在【导入部件】对话框中不做任何更改，单击 确定 按钮，系统弹出【导入部件】对话框，在此找到模板的放置位置并选择 A1-noviews-template 文件，单击 OK 按钮完成标题栏

图 6-60 【基准特征符号】对话框

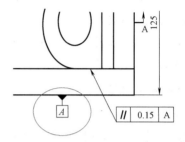

图 6-61 基准符号创建结果

技术要求：

1.未注圆角半径为R25；
2.所有直角位倒斜角0.5。

图 6-62 技术要求编写结果

图 6-63 【导入部件】对话框

模板的导入，结果如图 6-64 所示。

> **技巧提示**：软件自带的模板放置目录如下：
>
> D：\Program Files\Siemens\NX 12.0\LOCALIZATION\prc\simpl_chinese\startup，其中 D
> 为软件的安装盘，这个要根据读者自己的安装目录来进行查找。

6.6.2 工程图综合案例剖析二

步骤 1：运行 NX12.0 软件。

步骤 2：在主菜单中选择【文件】|【打开】命令，或单击工具栏的【打开】图标 按钮，系统将弹出【打开】对话框，在此找到练习文件夹 ch6 并选择"综合案例 2"文件，再单击 OK 按钮进入 NX 建模环境。

步骤 3：启用制图模块。

在【所有选项卡】工具条中单击【应用模块】|【制图】激活制图工具栏。在【图纸页】工具条中单击【新建图纸页】图标 按钮，系统弹出【工作表】对话框。

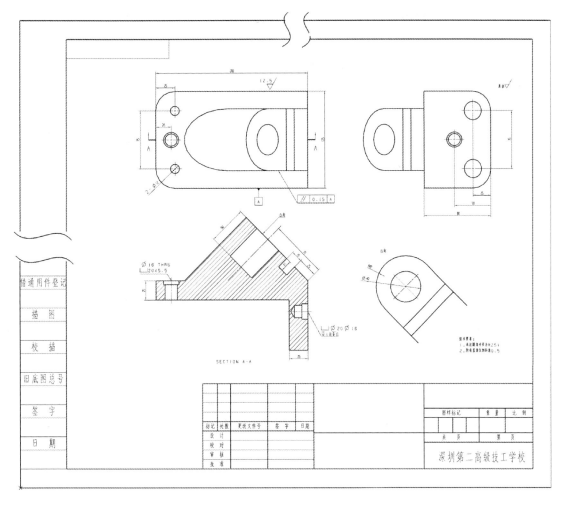

图 6-64 零件图创建结果

↘ 在【大小】卷展栏选项中选择 ⊙ 标准尺寸 选项，接着在【大小】下拉选项选择 A4 - 210 x 297 ▾ 选项，然后在【投影】选项中选择第一角投影 ⊡◎ 选项，其余参数按系统默认，单击 确定 按钮完成图纸页设置。

步骤 4：在【制图】工具栏中单击【基本视图】图标 按钮，系统弹出【基本视图】对话框，如图 6-47 所示。在【要使用的模型视图】下拉选项选择 仰视图 ▾ 选项，接着在制图区选择一合适位置放置主视图，创建结果如图 6-65 所示。然后往下方拖动创建前视图，结果如图 6-66 所示。

图 6-65 主视图创建结果

图 6-66 前视图创建结果

步骤 5：创建简单剖视图。

在【视图】工具栏中单击【剖视图】图标 按钮，系统弹出【剖视图】对话框，如图 6-33 所示；在制图区选择主视图为父视图，接着选择中间段的控制点为剖切点，然后将视图往右拖动，完成简单剖视图创建，结果如图 6-67 所示。最终三视图结果如图 6-68 所示。

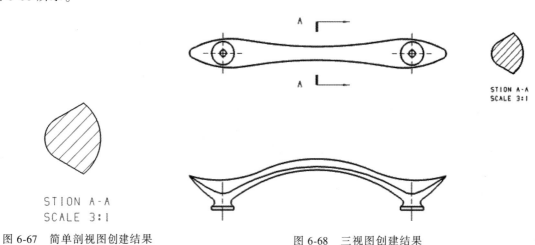

图 6-67　简单剖视图创建结果

图 6-68　三视图创建结果

步骤 6：创建局部剖视图。

在主视图中单击右键，系统弹出快捷选项栏，如图 6-40 所示，接着选取【扩大】选项，系统进入扩大模式。

➥ 在主菜单中选择【插入】|【曲线】|【艺术曲线】命令，或在【曲线】工具条单击【艺术曲线】图标 按钮，系统弹出【艺术曲线】对话框。在【艺术曲线】对话框中勾选 ☑封闭选项，接着在展开对象中选取左侧底部的对象为剖切对象，绘制结果如图 6-69 所示。

➥ 在扩大对象中单击右键，系统弹出快捷选项栏，如图 6-40 所示，接着选取【扩大】选项，退出扩大模式。

➥ 在【图纸】工具栏中单击【局部剖】图标 按钮，系统弹出【局部剖】对话框。接着在制图区单击前视图为父视图，系统跳到【基点】选项，然后在制图区选取左侧底部的圆心为基点，单击【选择曲线】图标 按钮，最后选取图 6-69 的艺术样条为边界线，其余参数按系统默认，单击 应用 按钮完成局部剖操作，结果如图 6-70 所示。

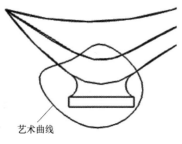

图 6-69　艺术曲线创建结果

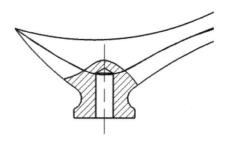

图 6-70　局部剖视图创建结果

步骤 7：尺寸标注。

在【尺寸】工具栏中单击【快速】图标 按钮，系统弹出【快速尺寸】对话框，接着在俯视图标注相关尺寸，结果如图 6-71 所示；利用相同的方法，完成其他视图的创建，结果如图 6-72 所示。

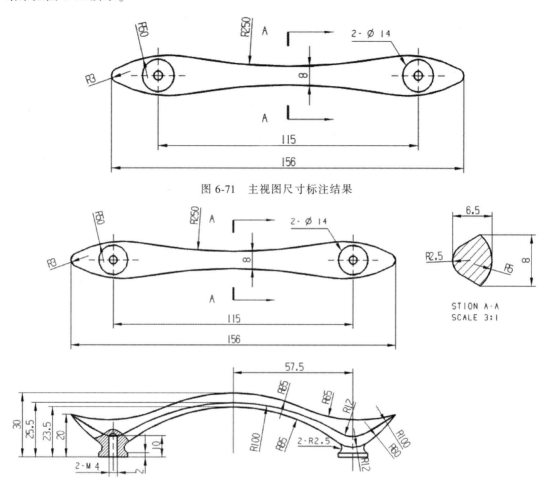

图 6-71 主视图尺寸标注结果

图 6-72 三视图尺寸标注结果

由于标题栏和技术要求操作基本与上一案例一样，在此就不再赘述。

6.7 装配图

装配图既是制订装配工艺规程，进行装配、检验、安装及维修的技术文件，也是表达设计思想、指导生产和交流技术的重要技术文件。

6.7.1 装配图的内容

1. 一组视图

运用必要的一组视图和各种表达方法，将装配的工作原理、零件的装配关系、零件的连接和传运情况，以及各零件的主要结构形状表达清楚。

2. 必要尺寸

装配图上只需表明装配体的规格（性能）、总体大小、各零件间的配合关系、安装、检验等少数尺寸。

3. 技术要求

用文字说明或标注符号指明该装配体在装配、检验、调试、运输和安装时等所需遵循的技术规范。

4. 产品（零件）序号、标题栏、明细栏

在图样的右下角处画出标题栏，表明装配体的名称、图号、比例和责任者签字等；各产品（零件）必须标注序号并编入明细栏。明细栏按标题栏画出，填写所组成零件的序号、名称、材料、数量、标准件规格和代号以及零件热处理要求等。

6.7.2 装配图剖面线

1. 装配图剖面线的角度和方向

在缺省情况下，装配图中的剖面线是同一角度、同一方向的，这样会给看图带来不便。因此可以按照如下操作进行设置：

在主菜单中选择【首选项】|【制图】命令，系统弹出【制图首选项】对话框，在【制图首选项】对话框中单击【视图】|【表区域驱动】选项卡，系统显示【表区域驱动】选项卡，如图 6-73 所示。接着勾选 ☑ 显示装配剖面线选项，单击 确定 按钮，完成剖面线的角度和方向设置。

格式	∧
☑ 显示背景	
☐ 显示前景	
☑ 剖切片体	
☐ 显示折弯线	
剖面线	**∧**
☑ 创建剖面线	
☐ 处理隐藏的剖面线	
☑ 显示装配剖面线	
☐ 将剖面线角度限制在 +/- 45 度	
剖面线相邻公差	1.2700

图 6-73 【表区域驱动】选项卡

> **技巧提示**：该设置可以只对某一视图进行修改，也可以对整个制图中视图进行修改。如果对整个制图进行修改，则先设置后创建视图。

2. 装配图中实心件沿纵向剖切后的简化画法

由于装配件较多，有时可能某一个组件不需要在装配中剖切，NX 为用户提供了方便的操作。在主菜单中选择【编辑】|【视图中剖切】命令，或在【制图编辑】工具栏中单击【视图中剖切】图标 按钮，系统弹出【视图中剖切】对话框，如图 6-74 所示。

图 6-74　【视图中剖切】对话框

6.7.3　装配工程图案例剖析

步骤 1：运行 NX12.0 软件。

步骤 2：在主菜单中选择【文件】|【打开】命令，或单击工具栏的【打开】图标 按钮，系统将弹出【打开】对话框，在此找到练习文件夹 ch6|assm 并选择 assm.prt 文件，再单击 OK 按钮，进入 NX 建模环境。

步骤 3：启用制图模块。

在【所有选项卡】工具条中单击【应用模块】|【制图】激活制图工具栏。在【图纸页】工具条中单击【新建图纸页】图标 按钮，系统弹出【工作表】对话框。

在【大小】卷展栏选项中选择 标准尺寸选项，接着在【大小】下拉选项选择 A1-594×841 选项，然后在【投影】选项中选择第三角投影 选项，其余参数按系统默认，单击 确定 按钮完成图纸页设置。

步骤 4：在【制图】工具栏中单击【基本视图】图标 按钮，系统弹出【基本视图】对话框，在【要使用的模型视图】下拉选项选择 右视图 选项。在【比例】下拉选项选择 比率 选项，接着在后一个文本框中输入 "3"，按 Enter 键。然后在制图区选择一合适位置放置主视图，创建结果如图 6-75 所示。然后往下方拖动创建俯视图，结果如图 6-76 所示。

步骤 5：添加爆炸视图。

在【视图】工具栏中单击【基本视图】图标 按钮，系统弹出【基本视图】对话框，在【要使用的模型视图】下拉选项选择 Explosion 选项；在【比例】下拉选项选择 1:5 选项，接着在制图区选择一合适位置放置爆炸视图，创建结果如图 6-77 所示。

步骤 6：创建零件明细表。

在【表】工具栏中单击【零件明细表】图标 按钮，系统弹出【零件明细表】框，接

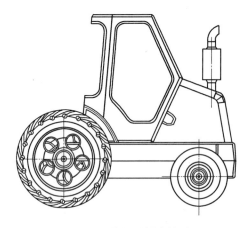

图 6-75　右视图创建结果

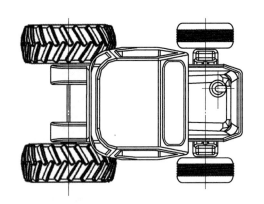

图 6-76　俯视图创建结果

着在制图区选择一合适位置放置零件明细表，结果如图 6-78 所示。

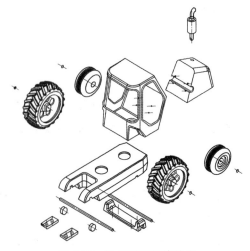

图 6-77　爆炸视图创建结果

11	STACK	1
10	SPACER_REAR_WHEEL	2
9	WHEEL_REAR	2
8	WHEEL_FRONT	2
7	HOOD	1
6	CAB	1
5	PALNUT	4
4	AXLE_LOADER	2
3	FRONT_AXLE_CLAMP	1
2	REAR_AXLE_CLAMP	2
1	CHASSIS	1
PC NO	PART NAME	QTY

图 6-78　【零件明细表】创建结果

技巧提示： 如果单击【零件明细表】图标 ▦ 按钮系统弹出一个如图 6-79 所示的表格时，这是因为在制图中设置"使用主模型"选项选择了"是"，用户只要将它改为"否"就可以，具体操作可见视频。

PC NO	PART NAME	QTY

图 6-79　【零件明细表】表格

步骤 7：创建装配图零件编号。

在【表】工具栏中单击【自动符号标注】图标 ⑦ 按钮，系统弹出【零件明细表自动符号标注】对话框，如图 6-80a 所示。接着在制图区选择零件明细表为要自动标注的零件明细表，单击 确定 按钮，系统弹出【零件明细表自动符号标注】对话框，如图 6-80b 所示。

↘ 在制图区选择爆炸视图为要自动符号的视图，单击 确定 按钮，完成零件明细表自动符号标注，结果如图 6-81 所示。

a)

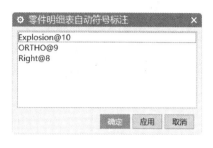

b)

图 6-80　【零件明细表自动符号标注】对话框

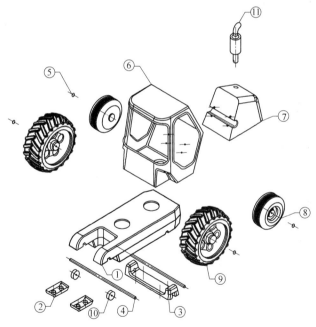

图 6-81　零件自动符号标注结果

步骤 8：导入模板标题栏。

在主菜单中选择【文件】|【导入】|【部件】命令，系统弹出【导入部件】对话框。

↘ 在【导入部件】对话框中不做任何更改，单击 确定 按钮，系统弹出【导入部件】对话框，在此找到练习文件 A1_H 文件，单击 OK 按钮，完成标题栏的导入，结果如图 6-82 所示。

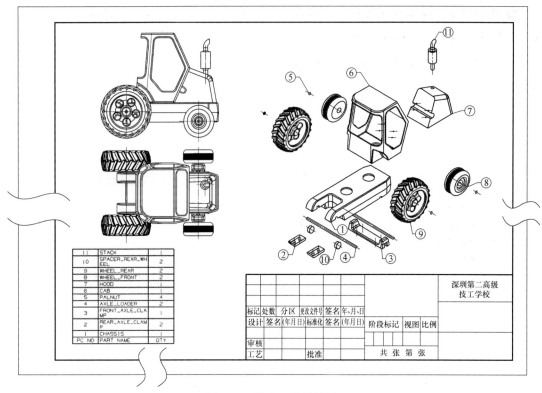

图 6-82　装配工程图结果

拓展练习

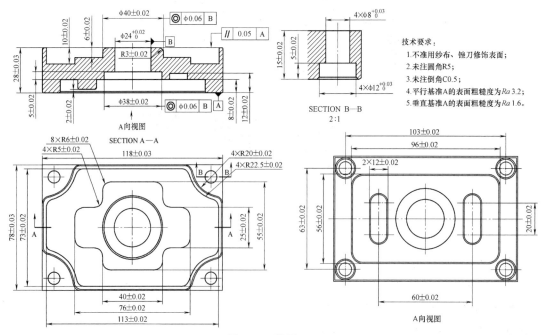

技术要求：
1. 不准用纱布、锉刀修饰表面；
2. 未注圆角R5；
3. 未注倒角C0.5；
4. 平行基准A的表面粗糙度为Ra 3.2；
5. 垂直基准A的表面粗糙度为Ra 1.6。

图 6-83　练习 6-1

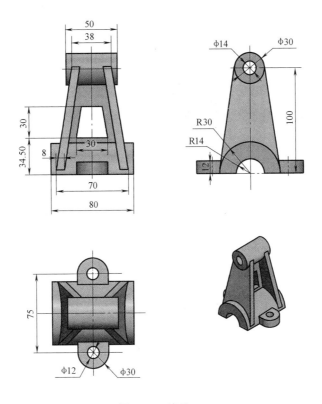

图 6-84　练习 6-2

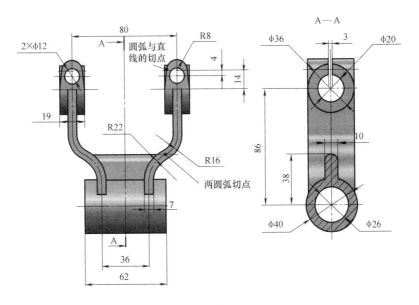

图 6-85　练习 6-3

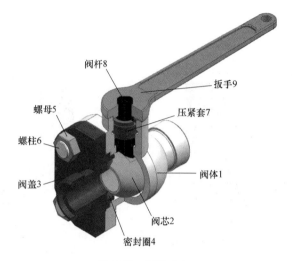

图 6-86　练习 6-4